〈ホメオパシー農業選書〉

シュタイナー思想の実践

バイオダイナミック農法入門

ウィリー・スヒルトイス(Willy Schilthuis) 著
山井 寅子　日本語版監修
塚田 幸三　訳

Biodynamic Agriculture

By Willy Schilthuis

Translated from Dutch by Tony Langham and Plym Peters

First published in English in 1994 by Anthroposophic press and Floris books

This edition 2003

© 1994 Christofoor publishers, Zeist

Originally published in Dutch under the title Anders omgaan met de aarde.

Biologisch-dynamische landbouw voor nu en later

© Uitgeverij Christofoor, Zeist 1994

日本語版監修者まえがき

　本書は、ルドルフ・シュタイナーが提唱した農法に関する入門書です。訳者である塚田氏からこの本の出版を打診されたとき、驚くとともに嬉しく思いました。なぜなら、日本の農業の現状を憂い、私もバイオダイナミック農法を実践するとともに、その啓蒙のための入門書的な本を探していたからです。

　この農法は、近代農業からは分離されてしまった生命循環およびそれに伴う物質循環を尊重し、地球を一つの生命と考え、その中で行われる生命循環、水循環、物質循環、エネルギー循環を地球生命の流れと考え、その流れに沿い利用して生命力のある農産物を育生していくものです。必然これには、生産者の地球を含めた生命と生命循環に対する深い理解と洞察が求められます。本来農業とは生命エネルギーの流れを操る創造的、ある意味では魔術的な仕事だったのです。

　空気が汚れ、水が汚れ、そして土壌（食べ物）が汚染されると、もう人類は滅亡するしかありません。ですから今、私たちが本気で考え直さねばならないこと、それは、この地球生命をどうするのかということです。本書は、その問題意識を私たちに投げかける良書となっています。自然破壊を認めず、自らもそれに荷担しないという心がけは、まず農業において実践されねばならないと思います。そのためには、私たち消費者も、小ぶりでも、形が悪くても、少々値段が高くても、自然に育てられた作物を善しとしていかなければなりません。

　さて、農業は私たちの食を支える基本であり、食は生きるためになくてはならないものです。たとえ電気がなくても、機械がな

くても、人は生きていけます。しかし、食べ物がなくなったら、人は死んでしまいます。ですから、農業は一番大切な産業であり、国を支える基本です。よく知られているように、フランスは食料自給率（カロリーベース換算）が100％超です。国が農業政策に力を入れ、自給自足をフランス国家の基本政策としているのです。

　私たちは今、少し値段が高くても、その地の産物を新鮮なうちに食べる（地産地消）を忘れています。とにかく店頭価格が安いという理由で、たっぷり消毒された輸入農産物を食べ続けていると、最後には結局、高くつくことになると思います。

　そして、食べ物と同様に水も大切です。さらに、空気が大切です。農産物は土から、海産物は水から生まれます。しかし今、大切な空気、水、土壌が汚染されています。よい土からはよい水が生まれ、よい水からはよい空気が生まれます。しかし、高収量を得るために化学肥料を使い、農薬を使い、土が死に、水が死に、土壌と水の生態系が破壊されました。同じように、高収量を得るために品種改良がされますが、それによって生命力の弱い農作物になります。なぜなら、品種改良は生命力を削って達成されるからです。私たちにとって都合のよいことは、植物にとっては必ずしも自然なことではありません。生命力の弱い植物には虫がつきやすくなり、当然、大量の農薬を必要とします。このように、農産物が品種改良されて一種の病的状態である一方で、日本の土壌は今や、瀕死の重体です。人間に喩えるなら、サプリメントによる害（薬害）、医原病によって、免疫力が著しく低下した状態です。自浄能力が低下し、もはや薬（化学肥料）なしには、土が土としての働き（作物を育てる力）を持てなくなっている状態です。

　土壌はそれ自体が一つの生命体であり、そのなかではいろいろ

な菌や昆虫などが共存しています。人体もいろいろな細菌と共生しているのと同じです。それを無視した肥料（化学肥料のみならず有機肥料も）や農薬散布は、土壌の生命を破壊することです。土壌に生命力がなければ、生命力のある作物は作られません。この日本国を破滅させないためにも、農家の方々にはぜひこのバイオダイナミック農法を導入していただきたいのです。そして、作り手の意識によって全く異なる次元の作物ができ、それを食する者が自然でいることの支えとなることを知っていただきたいのです。また、私たち一人ひとりが生命とは何か、自然とは何か、何が正しくて何が間違っているのかを真剣に考えていただきたいのです。

　ところで、現在の日本の農業問題では、後継者がいないことが第一の深刻な問題となっています。高収入が得られず、魅力がないということがあります。これは、大型店がとにかく販売価格を抑える姿勢であることに原因があります。長く続いた平成不況の下、高ければ消費者が買わないだろうという判断です。さらに、大型店が規格に合った商品（農産物）を売りたがることもあります。それは、お客のクレームを少なくするためです。

　キュウリはホルモン剤でまっすぐにします。そうでないと、ダンボール箱に入れる本数がばらついて、管理が難しくなるからです。トマトも大きさをそろえたり、枝から落ちないようにするために、ホルモン剤を使うことがあります。そして、レタスはシャキシャキするよう薬品をスプレーして、陳列されています。まさに、何かがおかしいのです。いったい本当に、私たち消費者がこんなことを望んでいるのでしょうか？

　農家でも農薬の被害が深刻です。頭痛や吐き気、そして白蝋病のように手が震え、真っ白くなります。化学兵器の実戦演習では

あるまいし、ガスマスク装着の農業には大いに疑問です。だから今、バイオダイナミック農法が重要なのです。土を健康にする農業が重要なのです。そのようなわけで、私は日本の農業に変わってほしくて、バイオダイナミック農法を実践するために、約4年前にホメオパシーの農業法人を設立し、小規模ながら研究実践してきました。

　私は三つの柱を基本にして、日本の農業を変えたいと思っています。一つ目の柱は、もちろんバイオダイナミック農法です。二つ目は、農業へのホメオパシーの応用です。これはドイツのバイオプラントール社の製品を日本の土壌用にアレンジした「どじょっこ（ホメオパシー版植物活性液）」で、すでに実用化され大きな成果を上げています。三つ目は、ホメオパシーの共鳴原理を応用した環境を変革するホメオパシー電子装置です。この装置はすでに完成しており、その成果は目覚ましいものがあり、今後、農業に限らず、漁業、畜産業、環境問題に多大な影響を及ぼすことになるでしょう。この方法により土壌や水が蘇り、植物の生命力を高め、農薬なしに病害虫を寄せつけない農業を実現することができます。まもなく日本の農業に革命が起きることを確信しています。おそらく将来、これが世界の農業のスタンダードとなることでしょう。

　実験作業が2006年で終了し、2007年より、いよいよこの三つを使った世界初の本格的な農業試験プロジェクトを北海道でスタートさせます。同時にこの三つを使った農業を実践してくれる農家を探しています。

Ph.D.Hom（ホメオパシー博士）

由　井　寅　子

2006年6月20日

目　次

日本語版監修者まえがき
謝　辞 ………………………………………… 10

第1章　農業と環境 ………………………………… 11
　　工業化 ………………………………… 13
　　集約的畜産業 ………………………… 15
　　窒素の役割 …………………………… 17
　　除草剤および農薬 …………………… 19
　　景　観 ………………………………… 21
　　水質汚染 ……………………………… 23

第2章　生物としての地球 ……………………… 27
　　植物界 ………………………………… 33
　　生命とは何か ………………………… 35
　　土　壌 ………………………………… 38
　　動　物 ………………………………… 42
　　循環農業 ……………………………… 45
　　バイオダイナミック調合剤 ………… 47
　　農家と有機体としての農場 ………… 48

第3章　バイオダイナミック農法の歴史 ……… 51
　　19世紀の農業問題 …………………… 52
　　有機農業運動 ………………………… 55

ルドルフ・シュタイナーと農業講座 ……………	58
質の探究 ………………………………	63
新たな出発 ……………………………	65
国際的な動き …………………………	67
生産者と消費者 ………………………	73
試験研究 ………………………………	77
助言指導活動 …………………………	79
教育と学習 ……………………………	81

第4章　バイオダイナミック農法の実践　……………　83

混合農場 ………………………………	86
堆　肥 …………………………………	89
バイオダイナミック堆肥調合剤 ……	94
畜　産 …………………………………	98
鶏 …………………………………	100
牛 …………………………………	101
豚 …………………………………	106
家畜の病気 ………………………	108
畑作および野菜栽培 …………………	109
バイオダイナミック散布剤のつくり方	111
土壌整備 ………………………………	113
果樹栽培 ………………………………	115
養　蜂 …………………………………	117
播種・植え付けのリズム ……………	119
景観と環境保全 ………………………	123

第5章　社会的側面 ………………………… 125
　　　貿易、販売、規制 ………………… 128
　　　バイオダイナミック農法の治療効果 ………… 131
　　　土地所有権 ………………… 133

第6章　将来展望 ………………………… 135
　　　質に関する研究 ………………… 137
　　　育種と種子生産に関する研究 ………………… 144
　　　実証研究 ………………… 147
　　　経済的問題 ………………… 148
　　　規制および政府の役割 ………………… 150
　　　広がる理解 ………………… 152

原　注 ………………………………………… 153
参考図書 ……………………………………… 159
世界の関連組織 ……………………………… 163
索　引 ………………………………………… 173
著者紹介 ……………………………………… 179
日本語版監修者紹介 ………………………… 179
訳者紹介 ……………………………………… 181

謝　辞

　英国バイオダイナミック農業協会のパトリシア・トンプソンの多大なご助力には著者も出版社も共にたいへん感謝しています。彼女は、きっと際限なく続くと感じたにちがいないと思いますが、次々と出される要求に忍耐強く、しかも迅速に対処してくださいました。

　ジョン・ソーパー（英国）、ピーター・プロクター（ニュージーランド）、イブリン・シュパイデン・グレッグ（米国）からも参考資料を提供していただきました。お礼申しあげます。

写真提供：ティル・ファン・デル・フォールト（英語版表紙、オークランズパーク）、英国バイオダイナミック農業協会（25, 26, 39, 40, 43, 46, 49, 71, 74, 86, 89, 90, 92, 94, 95, 96, 97, 98, 99, 100, 102, 105, 107, 109, 110, 112, 115, 116, 124, 132, 137, 139, 142, 143, 144, 145頁）、キャンプヒルのボットンホール（131頁）、ゲッティイメージズ（10, 24, 118頁）、ゲーテアヌム図書館（61頁）、ゲーテアヌム出版部（78頁）、マリア・トゥーン（10, 24, 118頁）、土壌協会（56頁）

農業の伝統的風景

第1章
農業と環境

西洋の農業は、過去百年の間、なかでも 20 世紀の後半は、すべての地域できわめて大きな変化と困難に耐えてきました。強力な機械が、徐々に、しかし着実に、馬などの伝統的な補助手段や集団労働に取って代わり、それと同時に、植物の化学組成、植物に必要な化学的栄養素、その土壌への施し方などに関する知見が急速に深まりました。第二次世界大戦以降、こうした新たな化学的知識（農薬、除草剤、化学肥料、植物の栄養素など）や工学的知識（機械やコンピュータ）が農業に広く貢献してきました。

　その結果、現代の農家は従来と比べて非常にさまざまな可能性に恵まれることとなり、自然条件の問題は新たな技術によってほとんど克服されてきました。

　しかし、その結果、つい最近になって厄介な問題が現れました。ヨーロッパだけをみても、生産の増大が穀物の大幅な余剰をもたらしたのです。状況は牛乳や食肉、オリーブ油などでも同じです。「バター・マウンテン（バターの山）」や「ワイン・レイク（ワインの湖）」という言葉も、その官僚的解決策としての'セット・アサイド（休耕）'など、ヨーロッパの農業用語に最近付け加わった言葉とともに、すでに共通語となっています。問題の根本は、化学肥料、農薬、除草剤など、さまざまな形による化学物質の使いすぎです。近代農業は田舎の牧歌的なイメージとかけ離れたものとなり、工業や道路交通と並んで、土壌、水、あるいは大気に対する最大の汚染源の一つとなってしまったのです。

工業化

　第二次世界大戦後、ほぼすべての'先進'国が工業化を重点政策としました。戦争の破壊からの復興期には、工業製品への需要が大きく、工業は発展しました。

　マーシャルプランによる莫大な投資のおかげで復興は比較的早く始まり、誰もが職にありつけ、生活水準は急速に向上しました。農業従事者も生活水準と所得の向上の分け前にあずかろうと夢中でした。農業労働者は工場や建設業界に職を求め、さもなければ賃金の値上げを要求したのです。しかし、農家の多くはそうした要求に応じることができず、手作業に代わって次第に機械が使われるようになりました。

　工業化のプロセスは農業にも影響し、人々は農業もまた機械化された産業の一つだと思いはじめました。経営がうまくいっている工業部門の企業では、生産に必要な機械をできるだけ効率的に使おうとします。機械が高価なので、最も生産的に使わなければならないのです。高価な機械の導入は農業にも同様の影響をもたらしました。

　農家の多くが、耕作用や搾乳用の最新式の機械を備え、畑作や酪農に特化することにしましたが、畑作に機械を使う人たちは、すばやく効率的に仕事をこなすために、直線的に区画された面積の大きな土地を好みます。こうして必然的に大規模畑作農業が皆の目指すところとなる一方、小規模混合農場は経済的に生き残れないことが間もなく明らかになりました。英国では、

農業省の助成制度も戦後の農業の専門化傾向に大きな役割を果たしてきました。

自動搾乳機

集約的畜産業

　今みたように、畑作農業では、近代化と工業化は機械化と規模の拡大を通じてもたらされましたが、これはどこでも可能というわけでありませんでした。概して農地が小さく、特にそれが畑作に向かない砂地にある場合には、別の解決策が見つかりました。それは集約的農業です。そして小規模農家は、豚の繁殖、子牛の育成、養鶏など、小面積でもやれる畜産部門への特化に着手することができました。

　当然ながら、小規模農家が家畜の飼料をすべて生産することはできません。しかし、トウモロコシ、大豆、キャッサバ、ココナッツ、落花生など、飼料原料の国際価格は非常に安い上に飼料業者からでき合いの飼料が購入できたので、それは問題ではありませんでした。こうして、多くの小規模農家がやっていけたのですが、しかし、集約的農業を始めるのに必要となった投資資金の返済がほとんどできない場合が多く、そのような農家は銀行や飼料業者に完全に依存する結果となりました。

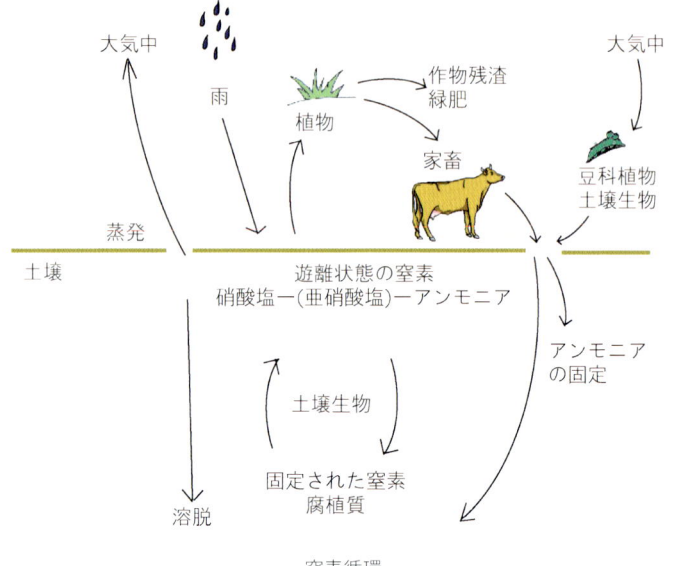

室素循環

　このような農業の工業化の全プロセスを、さまざまなEC（欧州共同体）加盟国政府が価格政策などによって強力に支持したのです。調査研究実績や融資実績などの入手可能な情報によれば、専門化と近代化があらゆるところで奨励されたことがわかります。問題が生じても、ささいなこととして取り上げられなかったり、完全に無視されました—余剰農産物という大問題がそれ以上放置できなくなり、肥料による環境汚染がもはや否定しえなくなるまでは。

窒素の役割

　過剰農産物の問題や肥料の環境汚染問題の中心はさまざまな形態で存在する窒素（N）の役割です。

　私たちを取り巻く空気は窒素を78％も含んでいますが、それは化学的に不活性で一般の植物には役立ちません。地球の地殻、あるいはそれを構成する岩には窒素がほとんど全く含まれていないにもかかわらず、すべての生物が体内で蛋白質を合成するために窒素を必要としています。

　自然界では、ある種の植物が細菌によって空気中の窒素を吸収します。また藻や土壌細菌のなかにも窒素を吸収するものがあります。窒素はこうして生物循環の一部となります。窒素を吸収する能力があることでよく知られ、広く利用されているのがマメ科に属す植物です。クローバーの仲間もすべてマメ科です。マメ科に属す植物や何種類かの土壌細菌などが空気や土壌の中の窒素を吸収・同化しますが、これらの植物が動物に食べられたり、腐敗したりすると、その体内に蓄えられた窒素は、ほかの植物や土壌中の下等生物が利用できるようになります。動物の糞尿は窒素を約0.4％含んでいます。もちろん、植物は窒素以外の養分も土壌の中から吸収する必要がありますが、それらの養分は土壌中に自然に存在するもので、空気中にあったものではありません。土壌は、実際、微生物と植物の根と下等生物からなる精妙に調整された生態系であり、絶えず物質交換が行われ、さまざまな生化学的変化が起きています。

このプロセスの意味するところは、自然にまかせた場合には、窒素はまず植物によって空気中から吸収されなくてはならないため、土壌中の窒素量には限りがあるということです。しかし、20世紀の重大な出来事は、空気中から窒素を取り出す技術が開発され、今では窒素肥料がほとんど無制限に手に入るようになったことです。その結果、余剰窒素が硝酸塩（NO_3）（土壌中、水中）やアンモニア（NH_4）（空気中、土壌中）として蓄積され、生態系のバランスを崩しており、その影響は予測不可能です。空気中の余剰窒素化合物は、いわゆる'酸性雨'の主要原因となっており、森林および湖や河川の水生生物などに破壊的影響を及ぼしています。人間の技術のせいで窒素の自然循環は完全に崩壊しており、当然の結果を招いています。

除草剤および農薬

　窒素・リン・カリウム（NPK）を肥料として過剰に使うことで、農業生産高は非常に増大しました。農業が一つの工業となり、'高収量'がその主たる目標の一つとなりました。この目標は首尾よく達成され、1965年には1ヘクタール当たりの小麦の収量は約4,500kgに達しました。これが1990年になると、粘土質土壌では8,000〜9,000kgにも達しています。

　このような成果は化学肥料のためばかりではなく、小麦の高収量品種が開発された結果でもあります。ほぼすべての作物で同じような成果が達成されましたが、それは作物の健康や抵抗力を犠牲にしたものでした。

　除草剤や農薬の使用量の著しい増加と関連化学業界の発展は、窒素肥料による増収と密接に結びついています。窒素は植物を生長させ重量を増やしますが、それに比例して植物の強さや抵抗力が増すとはかぎりません。その結果、アブラムシ、イモムシ、かびなどがつきやすくなるので、莫大な量の毒物がそうした'病気'を退治するために作物や土壌に散布されます。しかも、病気を退治するだけでなく、雑草も撲滅しようというのです。

　かつて除草は鍬を使って手作業で行われ、農場や市場向け菜園で働く人にとって非常に骨の折れる、手間のかかる仕事でした。したがって、除草剤の導入で人々は大いに助かったわけです。しかし、これが土壌中の生物に対し、さらには地下水や環境全

体に対して、きわめて悪い影響を及ぼしました。除草剤に含まれる化学物質はそのうち毒性も消えていき、土壌の中で分解されるという楽観的な気休めは通用しないことがわかりました。多くの化学物質が、完全には分解されないことや、さらには発癌性が疑われたことから、数年使われた後、使用禁止となりました。

景　観

　農業の工業化によって景観もまた徐々に変わってきました。何マイルも続く生垣や雑木林や用水路が取り除かれ、埋め立てられました。政府の補助金で配水溝が設置されました。それによって水位が下がるということは、次第に大型化し重量が増していく機械を、農家が毎春早めに使いはじめられるということを意味しています。

農業による水質汚染の結果

　自然保護関係者はこうしたやり方に早くから懸念を抱き、野生生物や景観に対する配慮が足りないと農家側を非難しました。それに対し農家側は、農業が経済的に独立した事業であるとい

第１章　農業と環境

う実態を理解していないと自然保護団体側に反論しました。単に都会に住む人たちにとって魅力的で美しいというだけで、全く要らなくなった生垣や雑木林を保存するために、たった一人で、あるいはごく少数の農業労働者とだけで働くことなどできないと主張したのです。近年、'緑の'政治の台頭により農家側と自然保護団体側との間に一定の合意が成立したものの、お互いに相手を疑いの目で敵意をもって見がちです。

水質汚染

　しかしながら、近代農業に対するおそらく最も重要な非難に対しては、ほとんどこれといった反発がありません。つまり農家は、景観の破壊だけでなく、深刻な環境汚染についても責任があるとされたのです。こうした非難は、水路や川その他の表流水の水質検査など、徹底的な調査によって裏づけられてきました。

　表流水の汚染の原因は、想像を絶する大量のごみを出している私たちの社会全体にあります。かつてのように有機性廃棄物の量が少ない場合には、藻やバクテリアや魚などの水生生物が浄化してくれますが、もはやそういう状況ではありません。まず第一に、処理すべきごみの量が多すぎるうえに、非有機性、非生分解性のごみが増え、重金属が含まれていることもあります。

　農業由来の水質汚染の主な原因は、除草剤・農薬および化学肥料の2つです。農家が農薬をぞんざいに扱ったり、あるいは単純に噴霧器を水路や川で洗ったりしたあとに大量の魚が突然死んだ場合は、通常その犯人を探し出すことは可能です。しかし、大量の農薬による水質汚染の場合は、汚染源の特定はかなり困難です。畑や草地に肥料がふんだんに使われたあとに長雨があると、あるいはたった一度の土砂降りだけでも、肥料は洗い流され、配水システムを経て表流水に達します。すると水が肥え、一般に富栄養化と呼ばれる状態を招きます。その結果、表流水の生態系のバランスが大きく崩れます。

農薬散布

　現在では、肥料や除草剤・農薬による表流水の汚染が極端に進行しただけでなく、地下水も汚染されていることが明らかになっています。肥料由来の窒素や除草剤・農薬の濃度が高まり、地下水が飲用に適さなくなった地域がたくさんあります。肥料はかつては農家の宝物であり豊作の前提条件でした。しかし、今では最大の環境汚染源の一つになってしまいました。

　近代工業と集約的農法が深刻な汚染問題を引き起こし、生物圏のバランスを決定的に崩してしまう危険性のあることが次第に明らかになってきました。しかし、このような問題の解決方法は決して明らかではありません。世界中の近代農業を後戻りさせることができるでしょうか。政府は法的規制などの対策によって被害の最も深刻な汚染を減らそうとしてきましたが、いまだごくわずかな成果しか上げていません。

環境のいっそうの劣化を防ぐには、今こそ、この生きている世界のなかで営まれる農業について、全く違った見方を始めなくてはなりません。一般の科学技術的方法を次第に放棄して、もっと繊細な科学と入れ換えるべきです。分析的で量的な方法は、植物、土壌、さらには動物に関しても、化学的組成という狭い知見の獲得には非常に有効でした。しかし、それは生物間の相互関係、循環プロセス、生態系のバランスなどに関する広い知識はもたらしませんでした。

　バイオダイナミック農法こそ、もう一つの方法の基礎を提供し、実践の可能性を示すものです。

農薬の空中散布

第1章　農業と環境　25

カノコソウ

第 2 章
生物としての地球

見方や考え方を変えるだけで、地球や地球に生息する動植物に対して異なったアプローチができるようになります。たとえば、農業生産物を単にリットルやトンやメートルで測るのをやめ、生命の働きと生態学的な相関関係の面から考えてみましょう。そうすれば、私たちが知っている最も包括的な生態系、つまり地球の有機的性質を認識することになります。

　私たちの地球とそれを取り巻く大気圏は、巨大な一つの有機体を形成しています。この有機体の中のあらゆるものが相互に関連しあっていることが、近年、環境汚染の影響が広範囲に及ぶことが明らかになったことで、特に明確になりました。たとえば、人間の密集地帯から遠く離れた北極や南極に生息する動物たちが、非生分解性のDDTのような毒物を体内に蓄積しているのです。

　莫大な量の水が、海流として、常に地球の周りを巡っています。赤道から両極に向かう流れと、それと逆の流れがあります。赤道付近で温められた海水は、暖流として、貿易風の働きで、大西洋を最初は西向きに時速1.2kmの速さで移動します。そしてブラジルの東海岸に達すると、北に向きを変え、一部はメキシコ湾を通り、フロリダ海峡を抜けて、時速9kmの速度で東に向かいます。それから再び大西洋に逆戻りし、さまざまな方向に枝分かれします。本流のメキシコ暖流は、時速3.6〜5kmの速度でヨーロッパに向かい、その気候に明らかな影響を及ぼしています。太平洋も、大西洋と同じく、北太平洋には右回りの海流が、南太平洋には左回りの海流があり、それを西から東に向かう赤道反流が隔てています。インド洋でも似たような傾向がみられますが、地球の海水はこ

うしてすべての大陸を結び付けているのです。

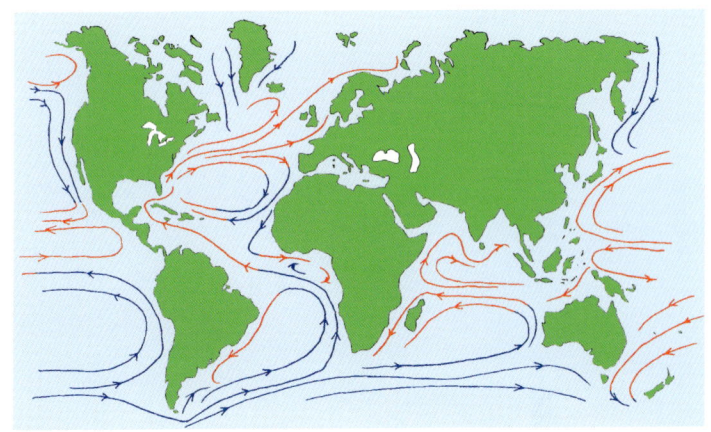

世界の海流

　大気にも海流と同じような流れがあります。熱帯地域の貿易風は地球の表面を横切って大量の空気を移動させます。赤道地域で温められた空気が上昇し、砂漠地帯で乾いた冷たい空気となって下降します。温帯地域には高気圧と低気圧があり、風を伴いながら常に変化しています。どこかでガスが発生して地表から上昇すると、間もなく広い範囲に拡散します。また、水が蒸発して雲となり、それが雨や雪やひょう・あられとして地上に降り注ぎ、河川となって海に戻るという循環もあります。

　さらに、二酸化炭素（CO_2）循環があります。二酸化炭素は植物に吸収されて生長に使われ、植物が腐敗すると放出されます。他方、植物質はすべて炭素（C）と酸素および水素との化合物からなっており、二酸化炭素は人間や動物の食物の生産という大事な役割を果たしています。

地球の衛星画像

　今日、化石燃料（かつて二酸化炭素を吸収していた植物）の燃焼によって二酸化炭素の形で炭素が過剰に放出されています。その結果、大気中の二酸化炭素がバランスを失って増加し、温室効果を引き起しています。

　地球は一つの生物のようなものです。地上の植物は生長する一方で腐敗していきます。海流と大気の流れがあり、それらは相互に関連しています。こういうプロセスがどのように保たれているのかと考えてみると、すぐに太陽の働きに気がつきます。

太陽は、熱と光とエネルギーの源であり、地球はその周りを回っています。雨と蒸発、昼と夜、夏と冬などの変化はすべて太陽が原因です。地球の衛星の月は特に水の動きと関係があり、地表水はその引力の作用を受けています。地軸を中心に地球が自転すると、地表水は月に引っ張られるか離れるかして、周期的な潮の干満が生じます。

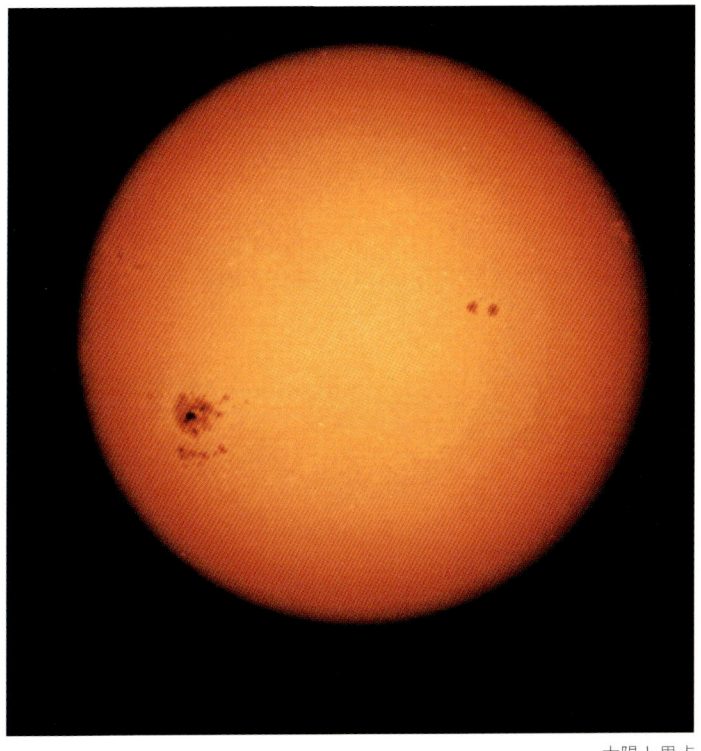

太陽と黒点

第2章 生物としての地球

貝殻の渦巻きにみられるダイナミックな作用

植 物 界

　地球の上に起きているこのような循環過程はすべて、地球が植物で覆われていなかったら考えることができません。炭素循環は植物の同化作用によっており、海草の働きも重要です。また植物はバクテリアとの相互関係を通して窒素循環も担っていますが、第1章でみたように、この窒素循環は今や過剰な人工窒素によって障害をきたしています。

　水と水蒸気の循環も植物に大きく依存しています。なぜなら、水は植物の根によって吸収され、葉を通って蒸散するからです。

　地球の生態系をこのようにみてみると、地球が植物のない裸地の場合には生物として機能しえないことは明らかです。他方、植物は大地がないと生存できません。大地は、それを保護し、生きて呼吸をしている植物層を通じて太陽光を吸収し、それを植物質に変えています。植物の根は地殻に入りミネラルを吸収するとともに、植物はそれ自体の成分によって土壌を豊かにします。このようにして、植物は生命のない地殻と、光や太陽で暖められた空気との間に中間層を形成しています。

　植物、動物そして人間の生命は、この中間層で営まれています。植物は水と土壌中のミネラル、そして大気中の二酸化炭素と光から生物をつくりだし、地上の全生命の基礎を築きます。それは、植物が食べ物になるというだけでなく、寒暑を防ぎ、気候を穏やかにし、雨水を吸収してそれを土壌の中に保つからです。植物は建築材料や燃料ともなるほか、絶え間なく更新さ

れ、すべての生命を支える表土を形成します。

生命とは何か

　私たちがこれからもずっと地上に住みたいと思うなら、地上の生命を大切にしなくてはなりません。生態系のバランスのなかで、また絶え間ない相互作用と循環過程を通じて維持されている、健康で生き生きとした生命のプロセスを守らなければなりません。では、その生命とは何でしょうか。

　ところが、その答えは、いまだによくわかっていないのです。私たちは生物が必要とする栄養素については多くのことを知っています。この知識は農家にとって重要で、そういう栄養素の化学的性質や使用法を知らなければ近代農法は成り立ちません。しかし、バイオダイナミック農法は、こうした栄養素だけでなく、もう一つの要素、つまり生命のことも考慮します。

　バイオダイナミック農法では、生命力ないしエーテル力という言葉が使われます。石と植物の違いは、石が物質だけからなる単なる物体なのに対し、植物にはもっと高次の生命力が働いていることにあります。あるいは、植物とは生命に制御されている物質です。この生命によって、植物は生物という全く別のものになるのです。生命を失うと、植物は再び物理法則の下に戻ります。

ゲーテの、植物の葉のような部分のスケッチ

　生命の特徴の一つは、それが生物によってのみ受け継がれるということです。生物は、植物でも動物でも人間でも、あるいはバクテリアや単細胞生物でも、すべて親から生まれます。生命は、'エーテル体'あるいは'生命体'として親から子に受け継がれます[1]。

　バイオダイナミック農法では、作物や動物や土壌中の微生物などの生物に正しく対応するために、次のようなエーテル力ないし生命力の4つの働き方に関する深い洞察が必要となります。
・　熱の働き
・　光と空気の働き
・　水の働き
・　固形物（鉱物）の働き

　太陽、光と空気、および熱として働く生命力は、特に葉と花を通して植物に作用します。また、土壌中の水や養分から植物

を形成することに関与する生命力は、根を通して植物に作用します。もしこの4つの生命力の協働がなければ、生物は、バクテリアさえも存在できません。この4つの力は生物の生命体に一緒に作用しており、古代の文献にしばしば登場する土、水、火、空気という4要素の目に見える働きです。現在の農業や園芸の実践においては、光、熱、水、植物養分という言葉が使われています[2]。

　農家あるいは市場向け園芸家としての私たちの目的は、健康な作物をたくさんつくることです。私たちは作物に十分な水と養分を与えることで、この目的を達成しようとします。しかし、作物の生命力を無視すると、作物は生きるのに必要な強さが不足し、たやすく病害虫の餌食になってしまいます。

　今日の技術志向の農業では、人工の農薬や除草剤を使わないわけにはいきません。それは、生命力に十分注意を向けないために、作物の活力が不足し、病気に対する抵抗力を培うことができないからです。その結果、作物は外部の影響に弱くなるうえ、食物の材料としての価値も下がってしまいます。私たちが食べる食物の活力ないし生命力は、摂取する物質の種類や量と同じように重要なのです。

土　壌

　バイオダイナミック農家の役目は、当然ながら、作物に活力に満ちた生命体を形成する機会を与え、強くて健康な植物体が形成できるようにしてやることです。これは、とりわけ、土壌に気を配り、十分な栄養を与えてやることによって達成されます。オーストリア出身の哲学者であり科学者だったルドルフ・シュタイナーが1924年に農民に対して行った連続講義がバイオダイナミック農法の発端ですが、シュタイナーは、生命は生物によってのみ受け継がれることを繰り返し強調しました。言い換えれば、牛や作物、そして土壌には生き物を、少なくても生命のプロセスのなかでつくられた養分を与えなければならないということです。近代農法の誤りは、土壌を、作物が必要なものを取り出すことのできる巨大な化学物質の貯蔵庫とみることです。したがって、施肥とは化学肥料、つまりリン酸塩、カリウム塩、硝酸塩の施用を意味することになります。こうした考え方は、論理的帰結として、岩綿（ロックウール）栽培につながります。岩綿とは完全に生命のない合成物質で、それに計算どおりのミネラル養分を含む溶液を加えると、ハウスの完全に人工的な条件の下で野菜を栽培することができます。しかしそれには、病気の感染を防ぐために、ハウスに入る前に履物を消毒するといった、極端な衛生上の‘防護’対策が必要となります。このように、こうしたシステムでは、農業と土地との関係が非常に希薄になります。

土壌を調べる

バイオダイナミック農法の土壌（左）と一般の土壌（右）

　施肥に関して、シュタイナーは、施肥は土壌にすべきであって、作物にすべきではないと述べています。これは、出発点からして、岩綿栽培法とは全く逆の考え方です。

　作物が生育する土、つまり土壌に堆肥などの有機肥料が施されると、それは生き出します。そこには、ミミズからバクテリアやかびに至るまで無数の生物が生息できます。それは、土壌に作物の根が張りやすく、酸素が行き渡ることを意味します。興味深いことには、土壌のなかでは寄生虫のような下等生物が優位に立つことはありません。

　したがって、バイオダイナミック農家にとって第一に重要なことは、土壌の世話であり、4つの生命力の土壌に対する働きに気を配ることです。水は十分になければなりませんが、多すぎると空気が不足してしまいます。熱は十分に土壌に伝わって

いるでしょうか。植物養分の補給は十分でしょうか。養分は化学肥料の形ではなく、さまざまな種類の有機肥料によって与えられます。また、ときには自然のミネラルも使われます。土壌の世話のなかには、適切な時期に適切な方法で耕やすこと、輪作を正しく行うこと、あるいはマルチング*をすることなども含まれます。

* マルチング…植物の根まわりを藁などで覆うこと。水分や温度の調節、土壌病害対策、雑草対策などに役立つ。

動 物

　以上、土、水、空気、熱、そして植物に触れてきましたが、動物もまたその一部です。しかし、動物の生活様式は非常に異なるので、この相互に関連したシステムのなかで、別の位置を占めています。動物は大地に根を張っているわけではなく、自由に動き回ることができます。また動物は、植物のようにミネラルや水や光に依存するのではなく、植物や動物の形で、食べ物として生物を必要とします。もう一つの大きな違いは、動物には本能、感情、そして空腹や渇きの感覚があることです。動物はそうした感覚を表現することができ、それを満たそうとします。つまり、動物には植物のように単に物質的な体と生命体があるだけでなく、もっと高度の要素があって、より独立した自由な行動がとれるのです。動物は行動によって気持ちを表すことができ、私たちにその要求を知らせることができます。動物はまた内部世界をもち、外界に明瞭に反応できるだけでなく、たとえば穴を掘るとか巣をつくるというように、外界に働きかけもします。したがって、動物は土への依存度が小さく、地球の生命体にそれほど深くは根を下していません。この動物に意識と自己表現能力を与える要素が'アストラル体'ないし'感受体'と呼ばれるものです。'アストラル'と呼ばれるのは、アストラル体に働く力が星や惑星の世界から届くからです。

　動物はそれぞれ生命体と内的な感覚世界ないしアストラル体をもっています。しかし、特定の種に属す動物はすべて、行動

の仕方ないし本能からわかるように、さらに高い要素でつながっています。ウサギはみな同じ本能をもち、同じように行動します。シカもキツネも同じです。人間の影響を大きく受けている家畜の場合には、こうした本能的行動が弱まっていることがあります[3]。しかしそれでも、家畜はすべて、はっきりとした種特有の行動をとります。牛は、羊や馬とは違う歩き方をし、行動の仕方や草の食べ方も違います。山羊は山羊でまた違います。

英国ハンプシャー州のスターツ農場

　家畜の糞尿の組成は、同じ場所、同じ条件で放牧されていても、種によって全く違います。牛と羊では、食べた草の同化や処理の仕方が非常に異なります。牛の糞は軟らかく、ヌルヌルしており、肛門から流れ落ちて独特の形になります。一方、羊

の糞は硬くて丸いペレット状で、においも牛糞とは非常に異なっています。土壌に対する効果もまた非常に異なります。動物が飼料を消化するときには、その飼料が養分を同化して形成した物質とそれに伴う生命力が必要です。動物の排泄物にはアストラル体が作用を及ぼしています。糞尿の中にはアストラル的な力が含まれており、においなどの特性として現れます。

したがって、土壌は家畜の糞尿から全く新しくとても有益な補充を受けることになります。糞尿に含まれるアストラル的な力によって、土壌はより豊かになります。その結果、生物の育成や腐植土の形成がよりよくできるようになり、土壌は植物に対して太陽や月や惑星の有益な影響をさらに多くもたらすことができるようになります。

循環農業

　家畜は農場の物質循環を成り立たせます。たとえば、家畜が飼料として食べ、消化したものの一部は、のちに厩肥として使えるようになります。厩肥が土地に戻されると、土地は飼料その他の作物をさらに多く生産できるようになります。この物質循環には生命力とその特質が浸透しており、それによって各農場はそれぞれ独自の性格を帯びるようになります。

　したがって、バイオダイナミック農場の理想的な形態は、家畜を飼い、飼料作物を栽培して、土壌に使う堆肥を自前で生産する、混合農場です。このような農場は自立的な閉じた有機体を形成し、畑や堆肥、草地や家畜などの器官がうまく結び付かなければなりません。一つの器官は、もちろん人間の消費は別として、ほかの器官が必要とする以上に生産してはなりません。化学肥料や購入飼料など、この組織体に属さない外部要素が定期的に導入されるようなことがあってはなりません。必要な要素とは、マメ科植物が同化する窒素のように大気から吸収されるもの、大気中の二酸化炭素、太陽エネルギーなどです。農場はこうした要素を糧として成り立っており、人間の食料は、地上の生物への一種の寄付としてつくられるものなのです。

堆肥の散布

バイオダイナミック調合剤

　しかし、農場にはアストラル力や生命力の作用を助けるという、もう一つの側面があります。私たちの時代には作物の生命力が弱まっているため、作物の生長環境が次第に悪化し、作物に養分をもたらす土壌も次第にやせて、健康でなくなっています。そこでバイオダイナミック農法では、土壌と作物の健康を回復、増進するために特別な調合剤が使われます。それは、生命力とアストラル力が、土壌や堆肥化の過程や作物における生命プロセスにもっと関与できるようにしようとするものです。これは、牛糞や石英、そしてタンポポやノコギリソウといった植物など、きわめてありふれた材料を使って達成されます。これらの材料を特別な方法で処理して調合剤をつくりますが、この点については、畑作と堆肥づくりを扱う第4章でさらに詳しく触れます。調合剤の効果は、使われる量が非常に少ないという点では、ホメオパシー療法に似ています。調合剤は、土壌や作物にスプレーしたり、厩肥や堆肥の山に加えられたりします。

農家と有機体としての農場

　最近の農業では、'農業マネージャー'という言葉がときどき使われます。'農家'という言葉は、'愚鈍'とか'保守主義'といった意味合いで使われる場合もあります。バイオダイナミック農家は、保守的で、古い価値観を守りたがり、近代的改革に抵抗すると長いこと非難されてきました。これは全く根拠のないことでもありません。除草剤や農薬の使用については、まさしくそのとおりです。一般的には、作物の病気に関しては問題が少なく、農薬はあまり必要なかったといえますが、それでもいくつかの厄介な病気がいまだにあります。

　特に注意を要するのは雑草対策で、これには多少の専門知識が必要です。要は、輪作を適切に行い、正しい時期に正しい方法で土壌を整えてやることです。バイオダイナミック農家は、自分の農地について、農場全体の状況に応じて適切な選択や判断ができる専門家でなければならないといってよいでしょう。一般的なルールにしたがっていればすむというわけにはいきません。

　農家は、労働者とともに、農場を一つの統一された有機体として管理します。それは、木や道や水路際の生垣も含めて農場を取り巻くすべての環境からなる有機体です。そこでは鳥や昆虫もそれぞれの役割を果たしています。ハチやチョウなどの昆虫が生存できる環境をつくるには、川岸や雑木林の中などに野生植物が生育し花を咲かせることのできる場所が必要になります。

堆肥をつくる農民

　この有機体を構成するさまざまな生きた要素の間のバランスを保つのは、一つの技量です。畑、草地、家畜、水路、雑木林、調合剤の使い方、堆肥づくりなど、その構成要素はたくさんあります。

　今日では、バイオダイナミック農家が遅れているとか保守的であるとか思われることはもうありません。彼らは、環境や自然を大切にするこれからの農法のパイオニアないし改革者だとみられています。バイオダイナミック農家は、農業改革および毒物や化学物質の廃止運動の先頭に立っているのです。非常に徐々にではあっても、彼らの考え方が見直され、そのやり方や成果に注目が集まりつつあります。

第 3 章
バイオダイナミック農法の歴史

ともすれば、農業問題は最近発生した問題であり、ほんの一昔前には、のどかでバランスのとれた農業の黄金時代があったかのように思われがちです。しかし、すでに19世紀後半には、農業を取り巻く状況に懸念を抱いた農家や大土地所有者がいたのです。

⑲世紀の農業問題

　1850年代以降、西洋の農業は至るところで重大な問題に直面してきました。中部ヨーロッパでは人口が増加し、食料需要が増大しました。しかし、長い間使われてきた農地の地力は弱まる一方でした。ほんの一例をあげれば、オランダの農家は特に砂地の土地が心配でした。ライ麦が以前のようにできなくなったのですが、当時その原因は不明でした。ドイツ、ポーランド、イギリス、アイルランド、スウェーデン、オランダなどでは、農村から多数の家族がアメリカに移住しました。それは、ただ単に、自分の土地で暮らすことができなくなったからです。

　やがて問題のいくつかに対する答えが科学者、特に化学者によってもたらされました。なかでも特に有名なのは'農業化学の父'といわれるリービッヒ（1803‐73）です。彼は、土壌中のどの物質が作物の生長に必要であり、それがどういう形で吸収されるのかを研究しました。今日では農業大学で必ず教えられる常識的知識が当時は先駆的研究テーマだったのです。リンとカリウムの重要性がわかり、特に窒素を加えると作物はよ

く生長しました。厩肥には窒素が含まれていますが、手に入る量が限られていました。そこで、窒素の原料としてペルーからグアノ（鳥糞石）が、チリから硝石が輸入されましたが、長距離輸送のために高くつき、それほど多く使われませんでした。自前の厩肥を使い慣れてきた農家は、最初、当然ながらこうした見知らぬ化学物質には非常に慎重でした。しかし、ヨーロッパで第一次世界大戦が勃発し、その戦後復興期を迎えると、農業に大きな試練が訪れました。

ユストゥス・フォン・リービッヒ、1803 - 73

そして、化学的、技術的農業への最初の一歩が踏み出されたのです。戦争技術として大気から窒素を取り出して爆薬をつくる大規模な方法が開発され、戦後になると窒素が硝酸（NO_3)の形で簡単に安く手に入るようになりました。他方、戦争によって戦車の開発が急速に進みましたが、この技術が初期のトラクターの開発に役立ちました。塹壕戦に使われた毒ガスの製造も殺虫剤の生産に必要な知識をもたらしました。

有機農業運動

　このような状況のなか、種子の発芽率や牛の出産率の低下などに気がつき憂慮する農民たちがいました。この種の問題には'化学的'即効薬がなく、詳しい研究が必要となりました。ちょうどそのころ、ドイツなど多くの国で、有機農法がそれぞれ全くばらばらに試され、発達しようとしていました。インドでは、アルバート・ハワード卿（1873 - 1947）が、英国出身のプランテーション経営者たちが栽培する作物の病気について研究し、作物の病気の程度と堆肥づくりの方法、そして土壌の取り扱い方の間に一定の関連があることを発見しました。この発見に基づき、ハワードは堆肥づくりのシステムを開発し、それは多くの植民地で使われました。

　また、そのころイギリスに住んでいたレディー・イブ・バルフォア（1898 - 1990）は、唯一健全な農法は輪作であると確信し、サフォークの自分の農場で辛抱強く実践しました。化学肥料や人工飼料は使わず、ハワードの堆肥づくりのシステムを採用しました。彼女がその取り組みを著した『Living Soil（生きている土壌）』は非常に大きな反響を呼び、その結果、第二次世界大戦後に彼女は土壌協会を設立し、『Mother Earth（大地）』誌を創刊したのです。土壌協会の支部が英語圏の多くの国に設立され、土壌協会は今でも国際的な有機農業運動において重要な役割を果たしています。

アルバート・ハワード卿　　　　　　　レディー・イブ・バルフォア

　ハワードとレディー・バルフォアの考え方は世界中の多くの人々に刺激を与え、バイオロジカル農法、有機農法、エコロジカル農法など現代風にさまざまな名称で呼ばれる、それぞれ独自の理念的あるいは実践的農法の発展をもたらしました。1950年代から1970年代にかけて、多かれ少なかれ国ごとに特徴のある国家的運動がいくつかの国で起きました。たとえば、スイスとドイツでは、バイオランドという保証付きブランド名を冠した、ルーシュ・ミューラー農法ないしバイオオーガニック農法が確立されました。フランスには、かなり大きな組織、ナトゥール・エ・プログレ（自然と進歩）があります。過去20年間、このような異国の組織どおしの協力が積極的に行われてきました。1972年には国際有機農業運動連盟（IFOAM）が設立され、世界的なつながりを有しています。有機農法に関心の薄い国の団体であっても、IFOAMの会員になることで多

くの知識や技術的アドバイスを得ることができます。バイオダイナミック運動は、独自の特徴や考え方を保ちながらも、この包括的な世界組織 IFOAM に積極的に参加しています。

ルドルフ・シュタイナーと農業講座

　ルドルフ・シュタイナー（1861‐1925）はオーストリアの農村で小農に囲まれて成長し、子供のときから自然と親しく交わっていたのですが、後にウィーンに出て科学を学びました。彼はゲーテの科学論文について詳しい研究を行い、ワイマールのゲーテ文庫が新しいゲーテ全集を編纂するときにその科学論文の編集を手伝いました＊。

　シュタイナーは、この物質界あるいは生物界の出来事について、自然科学が完全な理解を提供するものではないことを知っていました。彼は子供のときから、物質界を超えた別の世界があり、それは普通の目や耳によってではありませんが、確かに'見ること'も'聞くこと'もできるということを、経験を通じて知っていたのです。彼は通常の物質界の'背後に'潜んでいる精神（霊）的なものとの接触を経験していましたが、そうした経験を共有できる人はほとんどいませんでした。

　シュタイナーは、20代のときに、近代科学の方法は精神的側面を見逃しているために、自然のなかの死物しか理解できないことを確信しました。そして、ゲーテの自然科学論文が自然と精神との橋渡しをするものであることを見てとったのです。シュタイナーは自らアントロポゾフィー（人智学）と呼んだ'精神科学'を導入し、それによって多くの分野に数々の新しい考え方や刺激をもたらしました。そのなかには、教育、医療、精神障害者の看護などにおける非常に実践的な試みが含まれてい

ルドルフ・シュタイナー

ます。さまざまな専門の人たちがインスピレーションと新しい考え方を求めて彼の下に集まりましたが、その中には多くの農業関係者も含まれていました。農民、大土地所有者、農学者などが、将来の健全な農業のための新しい見識を与えてくれるようシュタイナーに要請しました。そして、1924年6月、シュタイナーはブレスラウ近郊のコーベルヴィッツ農場で約100人の農民に連続講義を行ったのです。ブレスラウは当時はドイツ東部の町でしたが、現在のポーランドのブロツラフです。

　コーベルヴィッツでの講義は、人智学協会会員の農民と農学者を対象に行われ、8回の講義を通じて、自然と農業との関係ならびに農業の発展について、シュタイナーの精神科学的見解が述べられました。この連続講義は単に農業講座として知られていますが、現在でもバイオダイナミック農法の基礎をなしており、『農業講座』という題名で出版されています（巻末の「参考図書」参照）[4]。

　しかし、精神科学的見解はそのままでは実践的な手段とはなりません。このことにシュタイナーも講座に参加していた農民たちもともに気がつき、いわゆる実験サークル（Versuchsring）がつくられることになったのです。これは精神科学的な考え方を実践し、結果を確かめようというグループで、スイスのドルナッハにシュタイナーが設立した研究機関、ゲーテアヌム精神科学自由大学の自然科学部門が支援しました。

　シュタイナーは1925年に亡くなりましたが、そのときにはすでに、彼の考え方はヨーロッパのいくつもの国で熱心に実践されていたのです。1928年の報告によると、当時、バイオダイナミックの原理に基づく農場が66あり、実験サークルの会

員数は148人でした。また、調合剤の使い方など具体的な問題に取り組む農民の作業グループが複数あり、関心があれば外部の農民にも情報を提供していました。

エーレンフリート・パイファー

　ドルナッハの研究者の一人が生化学者のエーレンフリート・パイファーで、シュタイナーの親しい仲間でした。1926年、オランダ最初のバイオダイナミック農場がロベレンダーレ(Loverendale)に設立され、パイファーが代表者に任命されました。彼はドルナッハでの研究とロベレンダーレでの仕事の双方に時間を分けて従事しましたが、1940年にはバイオダイナミック農法を紹介するためにアメリカに渡り、ニューヨーク州に研究所を設立しました。それは今でもパイファー基金の支援を受けて活動しています。彼はまたカリフォルニアで、都市から出るごみをバイオダイナミック農法で堆肥化する実験的事業を始めたほか、アメリカ農務省の顧問として家畜の口蹄疫対策にも貢

献しました。さらにパイファーは広く読まれている本を何冊も著しています（巻末「参考図書」参照）[5]。

* シュタイナーはすでにそれ以前にも「ドイツ国民文学叢書」に含まれるゲーテの自然科学論文の編集に携わっている。

質の探究

　バイオダイナミック農法に関心があるのは農家だけではありません。消費者も同じです。重大関心事の一つは土地の肥沃度であり、これが農家にとってはバイオダイナミック農法を採用する主な理由ですが、この問題に直接関係するのが生産物の質の問題です。1900年代初頭の農民は、牛の健康問題だけでなく、生産物の質の低下にも気がついていました。

　同じころ、消費者もまた食料の生産過程に積極的に関心を抱くようになり、菜食主義やビルヒャー・ベナー*の栄養に関する考え方のように、健康と栄養の領域でさまざまな運動が起きました。

　アントロポゾフィー（人智学）運動はバイオダイナミック産品に大きな関心を寄せ、ドイツでは1928年にデメテール（Demeter**）というブランド名が導入されました。これは、消費者に対し、デメテール団体に加盟するバイオダイナミック農場の生産物であることを保証しようというものでした。このデメテールのマークは、最近、次第に身近になってきた有機農産物あるいは'グリーン'産品を表すブランドやロゴの先駆的なものです。その後間もなく、情報を提供するための雑誌が発刊され、生産者と消費者をつなぐために農場訪問が行われるようになりました。

　その後の約10年の間に、バイオダイナミック農法を確立するのに必要なことが数多く達成されました。しかし、ヒットラー

デメテールのマーク

の国家社会主義ドイツ労働者党（ナチス）が徐々に政治権力を奪うようになると、バイオダイナミック農法の取り組みは次第に困難を増していきました。そしてついに、バイオダイナミック農法も含めアントロポゾフィー（人智学）運動全体が禁止されてしまい、それは第二次世界大戦でドイツが占領した諸国にも適用されたのでした。

* Maximilian Bircher-Benner（1867-1939）。スイスの医師。サナトリウムを開設し食事療法を実践した。ミューズリ（シリアル）の発明者として知られる。
** ギリシャ神話の農業の女神。

新たな出発

　1945年に第二次世界対戦が終わったとき、バイオダイナミック運動はほとんど消滅状態でした。バイオダイナミック農法の発祥の地、ドイツの状況は全くひどいものでした。かつては東部に最も多くの、また最も大規模なバイオダイナミック農場がありましたが、それらは今やポーランド領となりました。西部では小規模なバイオダイナミック農場がところどころに残っている程度で、状況はオランダやスカンジナビア諸国、イギリスでも同じでした。

　しかし、1946年になるとドイツでは、ハンス・ハインゼを取りまとめ役としてバイオダイナミック農法研究連盟（Forschungsring für biologisch-dynamische Wirtschaftsweise）が再建されました。『Lebendige Erde (生きている大地)』誌も、小部数ながら復刊されました。1954年には、デメテールの組織も再建され、バイオダイナミック産品であることを保証するブランド名の確立という目標に改めて取り組み出しました。

　その他の国々でも新たな取り組みが始まりました。バイオダイナミック協会が再び各地で組織され、国際的交流も再開されました。オランダでは、1937年に設立され、戦争末期には地下組織として活動していたバイオダイナミック協会が活動を再開しました。同協会は当初、主に消費者などの関心の高い人たちで構成され、農民はそれほど参加していませんでした。戦後になっても、消費者および農民の間に関心はほとんど広まりま

せんでした。当時は、食料生産の速やかな増大や技術開発が重視され、生産物の質や自然環境への影響にはほとんど注意が払われなかったのです。

国際的な動き

　英国のバイオダイナミック農法の歴史は 1928 年までさかのぼることができます。その年 D. N. ダンロップは、専門家を招いて、人智学を基にヨーロッパ大陸で起こった運動の状況を説明してもらう会合を開きました。ダンロップは、シュタイナーがイングランドを訪問した際に何度か会っていたのです。カール・ミルプト（後に、ミエールに改名）がカイザーリンク伯爵の農場＊の代表として講演したのですが、非常に感銘を受けたダンロップはカールに翌年も今度は家族とともに訪れるよう要請し、それが事の始まりでした。

　カール・ミエールはマルナ・ピース夫人とノーサンバーランドにある彼女の農場で共同作業を開始しました。間もなく彼らはバークシャーのブレイに移ったのですが、その庭は調合剤を豊富に使うことによって新しく生まれ変わり、園芸家が全国から訪れるようになりました。ピース夫人は、1944 年にデイビッド・クレメントに引き継ぐまでアントロポゾフィー（人智学）農業財団の代表を務めました。クレメント夫妻は 1940 年からクレントのブルーム農場で農業をしていたのですが、近くのサンフィールド療養所にバイオダイナミック牛乳その他の農産物を届けていました。英国で最初の完全なバイオダイナミック農場はモーリス・ウッズが所有するリーズ近郊、ハビーにあるスレイツ農場で、1929 年に始められています。

　1936 年には、オイゲン・コリスコ博士とリリー・コリスコ

がグロスターシャーに住みつき、シュタイナーの同僚として行ってきた科学的研究を続けました。

1935年、レディー・マッキノンなどがバイオダイナミック協会を別に設立しましたが、1944年にデイビッド・クレメントが2つの組織を統合することに成功し、現在のバイオダイナミック農業協会が誕生しました。クレメントは1989年まで会長を務めました。同協会は今でもウェストミッドランドのクレントにありますが、現在はサンフィールド養護施設の敷地内にあります。会員は約600人で、その多くが家庭園芸家です。英国ではいくつかの活発な地域グループがあり、定期的に勉強会や農場視察を行い、一緒に調合剤をつくるなどの活動を行っています。調合剤や本などはクレントの本部からB. D. サプライズという商社を通じて配付されています。会議やワークショップがときどき開催され、『Star and Furrow（星と耕地）』誌とニュースレターが年2回発行されています。

アメリカ合衆国のバイオダイナミック農法の歴史も1920年代までさかのぼることができます。バイオダイナミック調合剤を最初につくり、使ったのはニュージャージー、プリンストンのヘンリー・ヘイゲンスで、1925年のことです。翌年には、シャーロット・パーカーがニューヨーク市内のレストラン向けに良質の野菜を生産しようとニューヨーク州のスプリングバレーの近くに農場を購入しました。彼女の2人の友人、エリース・ストルティング（コートニー）とグラディス・バーネット（ハーン）がドイツに渡り、カイザーリンク農場でバイオダイナミック農法を学んで1928年に帰国し、その方法を伝えました。

1933年には最初の会議が開催され、エーレンフリート・パ

イファーが訪米する最初の機会となりました。1938年にはバイオダイナミック農業園芸協会が設立され、間もなく、冬季スクール、バイオダイナミック・ニュースレター、地区会合、助言や調合剤を配付するセンターなどについての協議が始まりました。1943年には、バイオダイナミックの商標がはじめて登録されています。

同協会は数年の間ペンシルベニア州のキンバートン農場を本拠地として、アメリカに移住したパイファーが指揮をとりました。1944年以降は、ニューヨーク州チェスターのパイファー家の自宅に本部を移しました。パイファーは1961年に亡くなりましたが、農業の実践と後年には研究と助言活動にも打ち込んだ生涯でした。

その後、バイオダイナミック農業園芸協会の本部は再びペンシルベニア州のキンバートンヒルズに戻されましたが、意欲的な農場があり、訓練コースが開かれています。1940年代に創刊された『Biodynamics（バイオダイナミクス）』誌も定期的に発行されています。

カナダでは、1950年代から少数の農民や家庭園芸家が個人的にバイオダイナミック農法に取り組みはじめたのですが、オンタリオ州のバイオダイナミック農業園芸協会およびバンクーバーのブリティッシュコロンビア・バイオダイナミック農業協会という2つの組織があります。1973年から両者の連携が始まり、会議の開催や試験研究の支援、印刷物の配布などが活発に行われています。『The Stirring Stick（かきまぜ棒）』誌も発行されています。

オーストラリア・バイオダイナミック農業協会は1950年代

中ごろ設立され、活力を失った土壌の回復と活性化および農業技術訓練に携わってきました。同協会はアレックス・ポドリンスキーが設立したもので、ポドリンスキーはバイオダイナミック農法に転換しようとするオーストラリアの人々を指導しました。そのために、さまざまな支援サービスが生まれ、自助努力を基本に実施されました。オーストラリアでは1976年以来、デメテールのマークが商標登録され、使われています。1981年から、主に非営利団体のバイオダイナミック・マーケティング社がデメテール認定商品をオーストラリア各地の卸売業者や小売業者に卸しています。同社はまた輸出にも積極的で、輸出は順調に伸びています。

ニュージーランドでは、1930年代初期に、バイオダイナミック調合剤がはじめて組織的に使われました。1939年には非公式の小さな組織がつくられましたが、現在のバイオダイナミック協会は1945年に設立されています。会員数は現在、約1,000人です。

同協会は調合剤を大量生産しており、これが安定した成果を上げている一つの理由だとみられています。普及員のピーター・プロクターによると、ほぼどの農場でも、バイオダイナミック農法に転換して18か月もすると、植物の根が深くなり、土壌構造が改善し、クローバーの根粒が大きくなるなどの変化が観察できるということです。

ニュージーランドの農場は、1ヘクタール以下の市場向け菜園から、輸出専門に羊や牛を生産する1,000ヘクタール以上の大規模牧場まで、規模はさまざまです。大規模経営では飛行機やヘリコプターあるいはバイクが頻繁に使われますが、バ

イオダイナミック協会は、調合剤を大面積に施用するのにこうしたやり方を適用しています。そのような大量の調合剤をかき混ぜる場合、農民はよくバーベラ・フローフォーム（Virbela Flowform）を使います。これは水の処理その他多くの目的に使われる曲がりくねったフローシステムです[6]。

フローフォーム

　ニュージーランドでは在来の草食動物は鳥類だけで、反芻動物はいませんでした。その結果、土壌はミネラルが不足していることが多く、バイオダイナミック調合剤に非常によく反応します。約300のバイオダイナミック農場のうち、約50がデメテールマークを獲得しています。しかし、生産物の流通やマーケティングの問題、消費者の需要が依然として低迷していることなど、解決すべき問題がまだ残っています。

　バイオダイナミック農法は南アフリカでも、1937年にカー

ル・アドラーがオーストリアから移住して以来実施されてきました。現在の南アフリカ・バイオダイナミック協会は 1984 年に設立されていますが、主にヨハネスブルグとケープタウンを中心に活動しています。

* 後に『農業講座』として出版されるシュタイナーの連続講演が行われた農場。

生産者と消費者

　バイオダイナミック農法の発展をみると、ヨーロッパ諸国の間でも明らかな違いがあります。しかし、ほぼどの場合にも、バイオダイナミック産品に対する需要とバイオダイナミック農家の増加には相関関係がみられます。

　ドイツとスイスでは、たとえば1週間に1回ないし2回、地元の顧客が野菜や乳製品、ときにはパンを買いにくるバイオダイナミック農場があります。フランスでは、バイオダイナミック野菜や乳製品が、よく地元の食料品店の有機食品コーナーで売られています。

　しかし、生産者と消費者との間に直接的な関係がない場合には、品質保証やブランド名が必要になります。バイオダイナミック産品に対しては早くからデメテールというブランド名が使われ、それによって消費者は生産物の出所を知ることができました。現在の'チェーン・プロテクション'の目的は、生産物を、生産者から加工場や卸業者を経て店頭に至るまで一貫して管理することですが、デメテール団体はすでに長い間それを実施してきたわけです。デメテール産品は主にいわゆる'自然食品'店で売られていますが、こうした店は消費者の特別な要求に応えようとするもので、しばしば消費者運動の一環として開設されています。英国などのように、スーパーマーケットチェーンを通じてバイオダイナミック産品が比較的大量に販売されている国もあり、安定した供給を確保するために外国から

の輸入も行われています。

　スカンジナビア諸国でもバイオダイナミック農法がかなり広く行われ、成功しています。特に盛んなのはスウェーデンで、147のバイオダイナミック農場ないし市場向け菜園があり、ノルウェーとデンマークでもその数はそれぞれ29と65に上ります。スウェーデン西部のダーラナでは、すべての農家がバイオダイナミック農法ないし有機農法に転換できるようにするために、消費者協同組合に参加することが地域全体で奨励されています。スウェーデン政府も全国を対象に助成制度を設け、バイオダイナミック農法ないし有機農法への転換およびそのいっそうの発展を支援しています。

バイオダイナミック農場の直売所

　これが北西ヨーロッパの状況ですが、東ヨーロッパでは最近までバイオダイナミック農法は行われてきませんでした。しか

し現在では、ポーランド、チェコスロバキア＊、ルーマニア、ハンガリー、エストニア、ロシアなどでもバイオダイナミック農法に取り組むグループが誕生し、西ヨーロッパとの情報交換が熱心に行われています。

　地中海地域の状況はまた別です。この地域では農産物の品質に対する消費者の関心がなかなか高まりませんでした。しかし、特にバイオダイナミック農法による米とオレンジとレモンに対する消費者の需要がヨーロッパの北部で高まったのがきっかけとなり、たとえば、シチリア島では、非常に熱心でよく組織されたバイオダイナミック農産物生産者団体が急速に成長しました。当初はドイツのデメテール団体から情報提供や指導を受けましたが、現在はイタリアの農業情報連盟やデメテール団体などの支援を得ています。スペインとポルトガルでも同じような状況がみられます。

　アメリカ合衆国では有機農業は比較的よく普及していますが、消費者の需要はなかなか高まりません。これは、生産物の販売にしばしばたいへんな困難が伴うことを意味します。それでも、小麦などの畑作物はヨーロッパに輸出されています。アメリカのバイオダイナミック農法はごく小さな動きにすぎませんが、いくつか盛んな州があり、バイオダイナミック農業園芸協会の地域支部が置かれています。

　世界のほかの地域では、バイオダイナミック農法に対する関心は、しばしば、バイオダイナミック食品が必要なシュタイナー学校や精神障害者施設などの取り組みに関連してみられます。

　途上国の問題はさらに全く異なります。途上国の第一の関心は、食料の質ではなく量です。アフリカには大規模な旱魃

第3章　バイオダイナミック農法の歴史　｜　75

と浸食という大きな問題を抱えている国が多くあり、バイオダイナミック農法に関するきちんとした組織はまだつくられていません[**]。アフリカ諸国では、多くの場合、農民が土壌や腐植土や木に関心をもち、理解を深めることができるようなやり方で、農民とともに働くことが大切です。たとえばケニアでは、農民に自分の農場で堆肥をつくる技術を教えることによって成功している開発プロジェクトがあります。牛糞や家庭ごみなど、植物性や動物性のごみが何でも堆肥になります。労働力が不足することはなく、ほぼ常に満足のいく結果が得られています。

メキシコには、数十年の歴史をもつバイオダイナミック農法によるコーヒープランテーションがあり、デメールコーヒーをヨーロッパに輸出しています。地元のコーヒー農家もそのまねをして、バイオダイナミック農法を始めています。

以上のような世界中の関係組織が定期的に連絡をとりあい、議論をしています。たとえば、スイスのドルナッハで毎年開催されている国際会議では、アントロポゾフィー（人智学）的理解の探究、実際的問題の検討、経験の交換などが行われています。

---

[*] 1993年にチェコ共和国とスロバキア共和国に分離・独立。
[**] ただし、南アフリカは例外で、バイオダイナミック協会が設立されている（72頁参照）。

試験研究

　バイオダイナミック農法の場合は、当初から、試験研究と実践との間に密接な協力関係がありました。ドルナッハでは、実験サークルとゲーテアヌムの研究者が共同でバイオダイナミック農法を発展させたのですが、同様の協力は今でもできるかぎり行われています。

　研究が行われているのはゲーテアヌムだけではありません。ドイツ国内だけでも別に何か所かあるほか、スウェーデン、デンマーク、オランダ、米国、ブラジル、英国などにもあります。研究は、一般的に、政府の支援なしに小さな組織で行われていますが、ドイツとスウェーデンでは政府機関と共同で長期的な比較実証試験が行われています。試験研究については、第6章で事例をいくつか取り上げます。

　バイオダイナミック農法の研究者は、しばしば現象学的方法を採用します。この場合、植物の物理的分析よりも外部に現れた全体的な生長現象が重視されます。たとえば、作物が種子から実を結び、再び種子となるまでのさまざまな形態に精通することを研究の主目的にすることもあります。このような研究は、しばしば、自分が栽培している作物に関する知見を深めたいと望む農家とともに、彼らがつくった堆肥を使って栽培方法の改善と作物の質の向上を目指すという形で行われます。

スイス、ドルナッハのゲーテアヌム

　研究者のなかには、実際的な応用学ではなく、純粋に現象学的な領域に従事する者もいます。たとえば、植物の生長に関する法則を調べたり、気候や黄道十二宮を構成する星座の影響を研究します。さらに、バイオダイナミック調合剤の効果を調べたり、堆肥の種類や量による差を調べるなどの比較研究も実施されています。質に関する研究で最初に出会った問題は、質の差を測定し比較するのに量的方法しかなかったことです。以来、感度のよい質的分析法が開発されてきましたが、この点については第6章でさらに詳しく触れます。また、種子生産に関する研究も行われており、特にバイオダイナミック農法に適した、栄養価の高い品種の選抜や開発が行われています。

助言指導活動

　近代農業では、試験研究と助言指導と教育の各活動が密接な関係を保って行われると、効果的かつ現実的な場合がよくあります。しかし、試験研究や助言指導活動は、一般的に植物や土壌の物理組成に注目する現代風の唯物論的立場に立って、労働節約的な化学的および技術的方法による生産の増大を目指して行われています。バイオダイナミック農家にとっては、いくつかの純粋に技術的な問題を除いてはほとんど役に立ちません。

　したがって、バイオダイナミック農家への助言指導は経験豊かなバイオダイナミック農家が行うべきだということは明らかでした。この方法はたいへんうまくいき、英国には地元地域の新人に助言指導を行うバイオダイナミック農家のネットワークができており、全国を巡回するサービス員がその調整を行っています。このシステムは、オーストラリア、ニュージーランド、カナダ、米国などその他の多くの国でも導入されています。また近年では、バイオダイナミック農業協会が設立されている国ではほとんどどこでも、バイオダイナミック農法への転換―それはかなりたいへんなことです―を支援する巡回専門家も活動しています。

　1950年代から1960年代にかけては、バイオダイナミック農法への転換はそれほどたいへんなことではありませんでした。というのは、当時はほとんどの農家が畑作をするだけでな

く乳牛も飼育しており、化成肥料のほかに牛糞も利用していたからです。しかし、現在では状況が全く違います。農家の専門化が進み、高収量を目指して非常に集約的な経営が行われていることが多いので、元に戻ることが経済的にもきわめて難しくなっているのです。

　したがって、指導員が転換を希望する農家にバイオダイナミック農法について説明したあと最初にする仕事は、農場が必要な条件や基準を満たすことができるかどうかを農民と一緒に調べることです。それが大丈夫とわかれば、変えるべき点を明らかにし、転換の実施工程表を作成することになります。

　今日、バイオダイナミック農法の実績が多くの国の政府から高い評価を得ています。その第一の理由は、除草剤や農薬が使われておらず、家畜の糞尿がそれほど出ないからであり、第二の理由は、いわゆる穀物や牛乳の‘余剰’生産量が少ないからです。その結果、バイオダイナミック農法情報サービス事業に助成したり、公的予算で指導員を雇う国がたくさんあります。たとえば、ドイツのいくつかの地域やオランダがそうです。特にオランダの場合には、農業情報サービス部局のなかにバイオロジカル農業チームがあり、バイオダイナミック農法の指導員とエコロジカル農業協会の専門家がともに含まれています。経費の半分は政府が賄い、残りの半分は各団体が負担しています。

教育と学習

バイオダイナミック農業運動のような、自然や農業あるいは社会一般に対する非物質的観点から出発する運動では、実践的な研修だけでなく、講義を通じて学び議論しあう機会を設けることが大事です。そのために必要な教育施設は、慣習や農業教育の状況によって国ごとに異なります。

英国では、バイオダイナミック農法の理論と実践を教えるフルタイムの研修コースがすでに20年以上実施されています。このコースはイーストサセックスのエマーソン・カレッジで開かれており、途上国の需要にも応えようとしています。また、多くの農家や園芸家も実習教育をすでに何年間かにわたって行っていたのですが、それが1989年からは2年間の実習制度となり、13の農場で実施されています。このコースには、バイオダイナミック農業協会が行う理論に関する一連の集中講義も組み込まれています。

オランダでは、1947年からバイオダイナミック農法・園芸の3年コースが試験農場を備えた大学で行われてきましたが、1960年に農業・園芸の成人教育大学として正式に認定されました。さらに1977年には、農業、自然、栄養に関するさまざまな分野の研修を行う、クラーイベーカーホーフ (Kraaybeekerhof) 学習センターが設立されています。

ドイツでは、農家や園芸家になりたい人は農場で働きながら学ぶのが普通で、研修生は週に1日学校に通い、3年後に試験

を受けます。バイオダイナミック農場でも同じ方法がとられており、研修生はバイオダイナミック農場で働きながら通常の研修を受けますが、それに加えて冬に別に行われるバイオダイナミック農法に関するコースにも参加します。近年、バイオダイナミック農法の理論と実践をさらに密接に結び付けたコースがいくつか開設されています。フランクフルトに近いドッテンフェルダーホーフ農場では、農場研修を終えた人たちを対象に１年間フルタイムの理論コースが開かれています。

　スウェーデンにも、主にスカンジナビア諸国からの参加者を対象とした２年間の研修コースがあります。またフランスでも、公式に認定されたバイオダイナミック農法コースが最近導入されています。

　ブラジルにもバイオダイナミック農法の研究研修センターがあります。ニュージーランドでも研修コースを開催するためのセンターが設立されています。米国では、農場研修と並んで理論に関する短期集中コースが全国各地で行われています。

　以上、バイオダイナミック農法を学ぶための可能性を網羅したとはいえませんが、さまざまな施設が世界中にあることがわかっていただけたと思います。さらに、有機農法の講義を行っている農業大学がいくつもあります。たとえばオランダのバーゲニンゲン大学の場合にはバイオダイナミック農法についても可能なかぎり教えています。また、バイオダイナミック農法ないし有機農法分野の大学教授ポストがヨーロッパ全体で５つあります。

第 4 章
バイオダイナミック農法の実践

バイオダイナミック農家のやり方には、当然ながら伝統的有機農法と同じものが多くあります。根本的な違いは主に理念的な立場にあります。一般農家、有機農家、バイオダイナミック農家の３つを比較すると、やや極端かもしれませんが次のようにいえると思います。
・一般農家の目的は高収量、高収益であり、これを技術によって達成しようとします。
・有機農家の目的は、環境にやさしく、動物を虐待しない方法で農業生産を行うことであり、必須養分の補給には化学肥料を購入するのではなく、畜ふん堆肥や緑肥を利用します。
・バイオダイナミック農家は、すべての生物が精神的宇宙とつながっており、このつながりに支障をきたさないように生物の生活を導くのが、すべての人間の義務であるという認識ないし感覚に基づいて働きます。さらに、地球も一つの生物であり、農場もそれ自体が一つの生物だという観点に立って働きます。

　もちろん、これら３タイプの農家の間にはさまざまな移行段階があり、各農家の姿勢も異なります。バイオダイナミック農家は幅広い輪作体系など有機農家と同じ方法をとることがよくあります。輪作の作目を選択するときの考え方が違う場合があるかもしれませんが、それは必ずしも目には見えません。そのほかには、土壌の能力、その能力に見合う作目、特定の作物から得られる収益などの重要な観点があります。農場の収益性は常にバイオダイナミック農法の前提条件です。
　‘農場産の食品’、‘農場産の堆肥’、‘土壌家畜農業（soil

animal husbandry)'といった言葉がよく使われますが、実際、これらの言葉はバイオダイナミック農場の目的と出発点を簡潔に表しています。

　現代農業の破局的状況、それに付随する環境問題や生産物の質の低下などは、農業は土壌を基本とするという原則を放棄したことと完全に関係があります。したがって、このような状況に対する唯一本当の解決策は、この原則に基づく有機農法であることが明らかです。乳牛は農場で維持できる範囲で飼うべきであるし、それによってできる堆肥は自分の農場の畑や草地に使うべきです。逆に作物の生産は、畜ふん堆肥や緑肥などの自家製の肥料を使って生産できる範囲にとどめるべきです。この点に関連して、もちろん、堆肥や飼料を交換するなど農家どうしが協力しあってもよいことは当然です。

混合農場

　先に述べたように、混合農場がバイオダイナミック農場の理想の形態です。常に完璧に達成できるわけではないとしても、それが目標です。たとえば、デメテール商標を使う資格を得るには、混合農場の形態をある程度達成することが前提条件になっています。第2章で、飼料→家畜→糞尿→土壌→飼料その他の作物生産という、農場内の循環について述べましたが、家畜の糞尿の扱い方が非常に重要です。糞尿は、土壌中の生物が支障なく吸収できるように、まく前に少し腐らせる必要があります。

バイオダイナミック農法によるビニールハウス

表1 バイオダイナミック農法と通常農法の目的

バイオダイナミック農法の目的	通常農法の目的
A. 組織 ・エコロジカル志向、健全な経営、労働力の効果的投入 ・事業の多様化およびバランスのとれた組み合わせ ・堆肥と飼料はできるだけ自給 ・多様化による安定性	・経済性志向、機械化、労働力の最小化 ・事業の専門化と不均衡な発展 ・自給は目的とならない。化学肥料と飼料の輸入 ・事業計画は市場の需要が決定
B. 生産 ・栄養素の農場内循環 ・大部分が農場でつくられた堆肥 ・必要に応じて徐々に溶解する鉱物 ・輪作、中耕、熱による雑草対策 ・ホメオパシーなど無害の物質を使った病害虫対策 ・主に自家生産の飼料 ・家畜の生産と健康に配慮した家畜飼養 ・必要に応じて新しい種子を使用	・栄養素を補給 ・大部分ないしすべて購入した化学肥料 ・水溶性の化学肥料や石灰 ・除草剤による雑草対策（刈る、中耕、熱） ・主に殺生物剤による病害虫対策 ・大部分が購入飼料 ・主に生産だけのための家畜飼養 ・頻繁に新しい種子を使用
C. 生命現象へのかかわり方 ・生産は環境に組み込まれ、健全な景観をつくりあげる；リズムに注目する ・土壌、作物、堆肥にバイオダイナミック調合剤を施用して複雑な生命現象を刺激、調整する ・作物と家畜のためにバランスのとれた環境を用意し、不足養分の補給ははとんど行わない	・化学的、技術的操作によって事業を環境から解放する ・バイオダイナミック調合剤に相当するものは使わない；ホルモン、抗生物質などを使用する ・肥料や飼料を過剰に与え、不足養分を補給する
D. 社会的側面と価値観 ・国家経済に対して：物資とエネルギーに関する投入産出比率が最適 ・農家経営：安定した収支 ・環境を汚染しない ・土壌、水質、野生生物をできるかぎり保全、保護する ・地域的混合農業、透明性の高い消費者/生産者関係；生産物の栄養面の質を重視 ・ホリスティックな取り組み、世界観と動機の一致	・国家経済に対して：物資とエネルギーに関する投入産出比率が不適 ・ハイリスク、散発的な収益 ・世界的に深刻な環境汚染を招く ・地力を使い尽くし、頻繁に浸食を招き、水質を悪化させ、野生生物を減少させる ・地域的特化、匿名性の高い消費者/生産者関係；生産物の等級基準重視 ・還元主義的自然観、自然からの解放、主として経済的動機

第4章 バイオダイナミック農法の実践

表2 通常農法とバイオダイナミック農法の生産費と生産高

生産費ないし生産高	タルホフ農場	同一地域の一般的農場
肥料購入費ないし調合剤の材料およびなび藁購入費(ユーロ/ha/年)	3.95	75.15
生産量：穀物(kg/ha/年)	3,600	2,900
牛乳(kg/頭/年)	4,399	3,376
購入濃厚飼料(ユーロ/頭/年)	17.90	115.00
ha/労働者	10.80	9.70
収入/ha(ユーロ)	920.00	568.00
収入/労働者/年(ユーロ)	9,585.00	5,500.00

注：農業・自然・食品安全省の年次会計報告書による。

　幅広い輪作を行うことが実際に必要になりますが、家畜を飼うとそれが達成しやすくなることはすぐに想像がつきます。そのような農場では、家畜の飼料用の牧草とクローバーの混播がローテーションに組み込まれます。こうして乳牛用の飼料作物がたくさん栽培できますが、それによって得られる大量の有機物およびマメ科作物から得られる窒素によって土壌は豊かになります。また、農家は糞尿に調合剤を加え、時期に間に合うように堆肥をつくり、納屋には藁を蓄えておくことでしょう。

　現在、いわゆる‘ミネラルバランスシート’と呼ばれるものがつくられています。これは、硝酸アンモニウムなどの窒素肥料がどのくらい使われているか、またどれくらいが畑から失われて水や空気を汚染しているかを明らかにしようとするものですが、バイオダイナミック混合農場が最もよい数値を示しています。

堆 肥

　今日、肥料といえば、窒素 (N)、リン酸 (P)、カリ (K) が主な関心事で、それらのミネラルは化学肥料の形でも、畜ふん堆肥ないし堆肥の形でも施すことができると考えられています。

　多くの有機農家が同じように考えています。N、P、Kが適量施用されるかぎり、牛の糞尿であろうが、鶏や豚の糞尿であろうが変わりはないと思っています。このような考え方はバイオダイナミック農家にも馴染み深いもので、N、P、Kが十分施用されることの重要性は否定すべくもありません。しかし、バイオダイナミック農場での実践や経験からすると、施肥の仕方が少なくてもその量と同じくらい重要です。

堆肥づくり

第4章　バイオダイナミック農法の実践

バイオダイナミック農法による施肥は、生きている土壌にするのであって、作物にするのではありません。土壌にはミネラルが役立っているかもしれませんが、有機物や生命力の恩恵、さらには惑星などの星の影響を受けていることもまた間違いありません。

堆肥の山

　土壌それ自体が一つの生物であり、独自のバランス、プロセス、呼吸や消化のシステムをもっていると考えるべきです。したがって、糞尿をどのような形で施すかによって違いが生じます。全体として一つの生物体をなす土壌は糞尿を同化し、養分を吸収しなくてはなりません。そのために最もよいのは、事前に腐敗したもの、つまり堆肥化された糞尿です。

　スウェーデンのイエルナのバイオダイナミック研究所で、40年に及ぶ野外圃場試験が実施されました。表3はその最初

の18年間の結果をまとめたものですが、糞尿の施用の仕方によって効果が違うことがわかります。

表3 糞尿の施用の仕方と土壌特性の変化

処理方法	100%バイオダイナミック	生の糞尿	糞尿↓NPK↓	コントロール	肥料(N)NPK	NPK
肥料 (kgN/ha/年)	82	93	61	0	56	11
収量 (穀物 t/ha)	4.86	4.90	5.03	3.77	4.83	4.87
かさ密度 表土 下層土	1.14 1.33	1.09 1.29	1.10 1.42	1.10 1.50	1.14 1.51	1.16 1.48
有機質 (総N量) 表土 %N 下層土 %N	0.24 0.14	0.24 0.17	0.25 0.08	0.25 0.16	0.26 0.12	0.26 0.09
ミミズ 1.5mm以上/m²	100	111	53	22	11	16
mgCO₂/土壌100g	125	108	91	83	75	81
脱水素酵素 TPF/土壌10g	547	377	302	213	211	258

出所：Pettersson & Wistinghausen、1979

この試験では、小麦、ジャガイモ、野菜、クローバーなどによる輪作が行われましたが、バイオダイナミック農法によって土壌の生物学的指標が改善していることがわかります。特に下層土の有機質含量とかさ密度の改善が顕著です。したがって、植物は根をより深く張ることができ、ミミズもより深くまで空気をもたらすことができます。

バイオダイナミック混合農家では、家畜の糞尿と野菜くずを一緒にして堆肥の山をつくり、腐敗させます。堆肥化もまた、材料に宿る生命力が正しく作用しあってはじめてうまくいく生

命現象です。これは、ミネラルや土壌粒子などの土の要素、水の要素、空気の要素、熱の要素のすべてが正しい割合で存在するようにする必要があることを意味します。したがって、堆肥の山は湿りすぎても、乾きすぎてもいけません。各要素の割合が適切であれば、堆肥の山が機能しはじめ、熱の発生プロセスも自然に起こります。ときには堆肥の山に少量の粉砕した玄武岩を加えたり、野菜くずが入っているときには少量の石灰をまくこともあります。作物の種類によって、堆肥は軽く腐敗の進んだ状態で使うこともあるし、完全に腐敗してほとんど土のような状態になってから使うこともあります。

堆肥の山

　堆肥の山が腐るのは一種の消化プロセスであり、植物や藁や糞尿はすべて形や色などの特性を跡形なく失います。それらの特性は偶然の結果ではなく、生きた動植物の中で、それぞれ固

有のパターンに従い、固有のアストラル体およびエーテル体の働きによって発達したものです。それらの働きが堆肥化という消化プロセスのなかで再び放出されると、それまでの物資的形態が失われます。バクテリアやかび、トビムシ、ミミズなどの下等生物がそれぞれの仕方で利用し、生活し、食べる過程でそれを変えていきます。今度はそれが堆肥の山の中で再び新たな物質や腐植土の形成に利用され、堆肥が使われると、いわば地中や地上のすべての生物に利用できるようになります。

バイオダイナミック堆肥調合剤

　堆肥の山の中で起きる分解作用と堆肥の効果は、6種類の堆肥用調合剤を加えることで大幅に強化することができます。それらは6つの植物性物質からつくられます。
　502番調合剤　ノコギリソウの花
　503番調合剤　カミツレの花
　504番調合剤　イラクサ（開花期の根から上の部分すべて）
　505番調合剤　オークの樹皮
　506番調合剤　タンポポの花
　507番調合剤　カノコソウの花

さまざまな調合剤

これらの調合剤は特別の動物器官を使ってさまざまな方法でつくられます。散布用調合剤（111頁参照）のように農家自身が毎年つくる場合もあり、農家や園芸家がグループでつくる場合、あるいは各国のバイオダイナミック協会から購入する場合もあります。家庭園芸家にとっては購入するのが最も現実的な場合が多いでしょう。

506番調合剤

　家庭園芸用の$3m^3$ほどの堆肥の山の場合、上記の調合剤をそれぞれ親指と人さし指で一つまみずつ、棒で穴を掘って入れてやります。約1ccのカノコソウ液を3リットルの水に溶き、散水口のついたジョウロで堆肥の山に散布してやります。農場

用の大きな堆肥の山の場合には、このような組み合わせを 3m 間隔で行っていきます。

こうして、再びほとんど一つの生物ともいえるものができあがります。それは消化作用や呼吸作用をもち、自分で熱を発生させます。また、生命体とアストラル体の複合体があり、それによって本質的存在が各器官をモニターし制御する機能を果たしています。

ドイツの農業学校と政府の試験場による共同実験によると、調合剤 502 〜 507 は完熟堆肥における有機物の分解率を高めます。また、堆肥の山の温度変化をある程度平準化することも観察されています[7]。スラリーを堆肥用調合剤で処理した実験では、窒素の喪失を減らすなどのいくつかの効果が認められています[8]。

牡鹿の膀胱を埋めているところ

堆肥用バイオダイナミック調合剤のカミツレソーセージ

畜　産

　古い絵に描かれているような、鼻を泥だらけにして餌を探す豚、穀物をついばみ家畜の糞の中のミミズを探し回る鶏、草地でのんびり草を食べる牛といった美しい農場のイメージは、動物の本能的行動をよく表しています。家畜が本能のままに行動できる場合には、何が必要か、何をしたいかということが非常に明確にわかります。農民たちは家畜の行動パターンを何世紀にもわたって観察してきたのであり、通常、家畜が正常な行動をとれるようにしてやることができます。

　しかし、近代的な'工業的'農業では、そういう配慮はもはや何の役にも立ちません。労働者の賃金が高いので、効率と収益を上げるために、労力節約的な機械をできるだけたくさん使おうとします。その結果、実際に人が家畜の世話をする時間はできるだけ少ないほうがよいということになります。他方、そのような方法で多くの家畜を飼育する近代的労力節約的農場

は、強い倫理的反発を招いてきました。突つきあいの防止に嘴を切られた鶏がバッテリーケージの中にぎっしり詰め込まれている様子は、確かに地獄のようで、農家の庭先を幸せそうに歩き回ったり引っかき回したりしているかつての鶏のイメージとはかけ離れています。

鶏

　バイオダイナミック農場の鶏は屋根つきの広い場所で自由に歩き回ったり、外の運動場に出ることもできます。餌の穀物を自由に食べながら、足や切られていない嘴で土を引っかき回し、実にやかましい音を立てています。鶏には草やバイオダイナミック農法で栽培された原料をひいてつくった濃厚飼料も与えられます。

　養鶏に関しては、有機農法とバイオダイナミック農法との違いはそれほど大きくありません。倫理的観点は有機農法にもバイオダイナミック農法にも適用され、鶏舎は鶏にやさしく、鶏が本来の性質に従って行動できるように工夫されています。バイオダイナミック農法の違いは主として特別につくられた餌にあります。

牛

　バイオダイナミック農場にとって、ずば抜けて重要な家畜は、牛です。牛は牛乳、子牛、肉、皮をもたらしてくれ、かつては牛車にも使われました。牛車は今でも多くの国で使われています。その他、きわめて重要な牛の生産物は、近代農業では邪魔物扱いされている糞尿です。

　乳牛は優れた草食動物で、精緻な消化システムを使って、草などの粗飼料を大量に同化し、それを牛乳に変えます。草を食べたり、座って反芻している牛の群は、土壌と植物と動物との調和のとれた関係を表す美しいイメージです。乳牛は非常に長い反芻の過程を通じて植物質を大量に同化し、牛乳だけでなく、土に養分を与える糞尿を生産します。バイオダイナミック農家は乳牛が牧草、乾草、サイレージなどの粗飼料を大量に消化するようにできていることを知っているので、この特性が正常に発達するような飼い方をするでしょう。自然の牛は穀物や豆類は食べないので、濃厚飼料はほとんど与えず、ときには全く使わないようにしようとするでしょう。

　近代的な酪農では、牛乳生産量を上げるために大量の（輸入）穀物飼料が使われています。年間1万リットルを生産する牛も今では珍しくありません。それとは対照的に、バイオダイナミック農家の関心は、乳牛が健康で長生きし、乳量が安定していて、健康な子牛を生むことです。

乳しぼり

　大規模なバイオダイナミック農場では、しばしば雄牛も飼われています。これもまた、農場を土壌と飼料作物と家畜が理想的な関係をなす一つの生物として運営しようとする考え方、そのためには家畜も農場の中だけで維持する必要があるという考え方によるものです。他方、一般的な近代農場やほとんどの有機農場と同じく、人工受精を行っているバイオダイナミック農場もあります。

　子牛は最初母乳で育ちますが、数週間たつと少しずつニンジンや干草などが与えられるようになります。子牛は野外の新鮮な空気に触れたり、運動できることが大事です。

　成牛についても、十分な太陽の光ときれいな空気、そして運動が重要です。バイオダイナミック農場の中には、牛が牛舎の中を歩き回ったり、厚い敷き藁の上に座ったり、自由にできるようにしているところもあります。この場合、大量の厩肥が生産できるだけでなく、糞尿を吸収した厚い敷き藁が熱をもち、牛にとって心地のよいベッドとなります。藁がアンモニアその

他の物質を吸収するので、空気も汚れません。

　このような牛舎は、仕切りのある通常の近代的牛舎とは非常に違います。通常の牛舎でも、牛が自由に動き回ったり、仕切りの中で横になったりできる場合がありますが、必ず糞尿の酸っぱいにおいがします。糞尿を大きな貯蔵タンクに流し込むために仕切りの中はスラット床で、糞尿と藁の混ざったいわゆる'厩肥'は生産されず、できるのは薄いスラリーだけです。このような液体状のスラリーの中で増殖する細菌は、厩肥のものとは種類がだいぶ異なります。厩肥には藁とともに空気が豊富に含まれているからです。スラリーの中の細菌は糞に含まれる酸素を同化して酸素含有量の少ない物質を生産します。これが、農地にスラリーをまいたときに土壌中の生物に悪い影響を与える理由です（たとえば、スラリーを大量に施すと、ミミズは本来の働きができなくなります）。また、においもスラリーと厩肥ではまったく違います。

　しかし、空気と混ぜたり、裁断した藁や粉砕した玄武岩あるいはバイオダイナミック調合剤を加えることで、スラリーの質を改善することができます。スラリーをバイオダイナミック調合剤で処理すると、植物の根を伸ばし、乾燥重量を増やすことが小麦を使った実験で確認されています[9]。

　しかし、バイオダイナミック農場の牛舎がすべて敷き藁を厚く敷いているわけではありません。新たにバイオダイナミック農法に転換しようとする農家にとって、牛舎の新築は簡単にできることではありません。牛がつながれたまま敷き藁の上に横たわることのできる多角的牛舎もよく使われています。この場合、糞と尿は別々に集められます。敷き藁を自動的に掃除する

装置もときどき使われています。

　バイオダイナミック農場の特徴の一つは、牛の角を切らないことです。除角は、糞尿処理の労力を省くために設計された仕切りのある牛舎で、牛を飼育しやすくするために習慣化したものです。牛が群れの状態でいる場合には、各牛の居場所が決まっており、上位の牛は自分の地位を示すためにときどきほかの牛を軽く頭で突こうとします。したがって、ある牛が仕切りの中で横になっているときに上位の牛が場所を奪おうとした場合、すぐに動けないと突かれる危険があります。柔らかい乳房を突かれると、ひどいけがをする可能性があり、これが、角を鋸で切断したり、若いうちに薬品を使ったり焼いたりして角が伸びないようにする理由です。

　これに対し、バイオダイナミック農家は、牛の角はひづめと同じく固有の役目を有し、動物福祉の面でも、代謝および時間のかかる消化プロセスのうえでも大事だと考えます。

　消化は牛にとってきわめて重要です。牛も、羊、ヤギ、カモシカ、バッファローなどのように草を食べて反芻します。これらの反芻動物はすべて４つに分かれた強力な胃袋をもち、主に非常に粗い繊維質のものを食べますが、それをよく消化することができます。しかし、反芻動物の種類によって胃袋に差があり、その差は歯と角の違いと関係があります。

　つまり、反芻動物の間には、歯、角、行動、糞尿の質などにみられるように、本質的な違いがあります。そのような特徴のすべてが農場の生物にそれぞれ違った影響を及ぼします。牛がのんびり草を食べたり反芻している姿やその糞尿や角は、大きくて複雑な消化システムと一種の対をなすものであり、乳牛は

ヨーロッパの混合農場という有機体に最も適しています。

したがって、生物としての牛は角がないと完全でなくなり、ある種の質が失われます。上述のように、牛の角とひづめとの間にも関係があります。興味深いことに、牛が除角されると、ひづめに障害の起きることがよくあります。ひづめに炎症が起き、立ち上がったり歩いたりできなくなり、ついには廃牛にせざるをえなくなります。

また乳牛（雌牛）の角は、後述するように、糞や石英で調合剤を作るときに使われるので、バイオダイナミック農場にとって非常に貴重なものです。

第4章　バイオダイナミック農法の実践

豚

　豚の本質的な特徴をみると、非常に生命力の旺盛な動物だということが一目瞭然です。豚は生活に熱中し、周囲の物事に生き生きとした興味を示し、非常に活発にかかわりあいます。豚は何でも調べたり、しゃぶったり、鼻でほじくったりかいだり、がつがつかんでみたり、それを集団でします。豚の旺盛なバイタリティーは、妊娠期間が4か月と短いうえに、一度に7匹から10匹の子豚を産むことからもわかります。そして、子豚は9か月で成豚になります。

　現在の商業的養豚では、この豚の生命力が容認しがたいひどいやり方で利用されています。豚は監獄のような豚舎や工場生産された飼料やホルモン投与に耐える力が強く、それによってすっかり破壊されてしまうことなどないかのようです。

　離乳したての子豚は特に好奇心が強く活発で、本能的に鼻で地面を掘るのですが、それがスラット床とコンクリート壁の監獄のような部屋に閉じ込められて、動き回る余裕もないのです。豚はフラストレーションがたまってお互いの耳や尾をかみあい、引っかきあうようになり、それが止まらなくなります。

　バイオダイナミック農場では、豚舎には藁が敷かれ、豚が動き回れるだけの広さがあります。豚がまだ小さいにときには野外にも出ます。たくさんの敷き藁と粗飼料、そして、ときおり与えられる数鍬分の堆肥も豚の要求に合います。

　豚は雑食性です。実際、農場の余りものを何でも食べて、き

れいにしてくれます。たとえば、チーズをつくる農場では、乳清は豚の餌になります。穀物やジャガイモのクズなども豚の餌になります[10]。

家畜の病気

　ここで病気の家畜の治療についても簡単に述べておきます。家畜が本来の特徴を発揮するように育てられたなら、つまり農場でとれた飼料を食べ、適切な畜舎に住み、十分な運動ができたなら、病気の発生率は劇的に下がります。これは世界中のバイオダイナミック農家で実証されていることです。もう一つの要点は、育種の目標を生産性ではなく、家畜の健康と長寿におくことです。

　家畜が病気になり、急いで獣医を呼ばなければならないことが、ときにはあります。しかし、家畜の病気がひどくなる前に、世話をしている人が適切に処置できる場合がよくあります。アントロポゾフィー獣医学がよく発達していますが、残念ながら、どの国でも利用できるという状況ではありません[11]。

畑 作および野菜栽培

　作物栽培で最も大事なのは、明らかに土壌の肥沃度です。バイオダイナミック農法では少しの人工肥料も使わず、病気に対しても単純に農薬で対処することをしないので、なおさらそうです。

　バイオダイナミック農家は土壌の構造、肥沃度、土壌中の生物などに細心の注意を払いますが、それは次のようなやり方で行われます。
・ 土の耕し方によって
・ 輪作によって
・ 畜ふん堆肥を使って
・ 緑肥を使って
・ 家畜の糞や石英でつくられる調合剤の散布によって
　また、雑草対策にも多大な関心が払われます。

キャベツ

第4章　バイオダイナミック農法の実践

ネギ

バイオダイナミック散布剤のつくり方

　調合剤には、先に述べた堆肥用と散布用の2種類があります。散布用には、500番調合剤として知られる牛の角と糞でつくるものと、501番調合剤として知られる牛の角と粉砕した石英で作るものとがあります。500番あるいは501番という数字は、堆肥用の調合剤と同じく、はじめてつくられたときのカタログ番号であって、それ以上の意味はありません。

　500番調合剤は、一冬の間、地中で自然の作用にさらしてから、ほりだして保存します。散布するときには、少量の調合剤を水で1時間かけてよくかき混ぜます。家庭菜園程度の広さの場合は、50gの500番調合剤を10リットルの水に溶かすと、約2,500m^{2}の面積に散布することができます。農場の場合は、ヘクタール当たり40～60リットルの水と250～300gの調合剤500が必要になります。この規模になると、樽を使ってかき混ぜ、トラクターで散布します。小規模の場合は背負型噴霧機を使います。

　家畜の糞の調合剤は特に土壌の生化学反応、つまり水分と土と腐植土との間の相互作用に影響を与えます。それによって、作物がしっかりと根づき、土壌中の生物との相互作用も促進されます。

　501番調合剤は、一夏の間、地中で自然の作用にさらされます。これは非常に少量ずつ使われ、5gを60リットルの水で1時間撹拌すると、1ヘクタールの面積に散布するのに十分な量とな

ります。家庭菜園程度の規模に対しては、やや濃度の高いものが使われます。散布は非常に細いノズルを使って、生育期の作物の葉にまきます。作物の生育段階に応じて、数回散布できます。501番調合剤は若い作物の同化プロセスを促進し、組織を丈夫にします。生育の進んだ作物に対しては、成熟を促すとともに、香りや風味を豊かにし、それによって日もちをよくします。

　ドイツ、アメリカ、スウェーデンで実施された実験によると、スプレー調合剤にはいくつかの目に見える効果があります。たとえば、多くの作物にみられる増収、質（たとえば、純蛋白質、硝酸塩、水溶性アミノ酸、糖その他の炭水化物、ビタミンなどの含有量、およびさまざまな酵素作用）の向上、日もち効果などです[12]。これらの実験データについては第6章を参照ください。

500番調合剤

調合剤の撹拌

土壌整備

　土壌整備用の道具はいろいろあり、プラウ、ホー、ローラー、レーキ、ハローなどがトラクターに装着して使われます。この点では有機農家も通常の農家と変わりませんが、土が湿っているときに重い機械で土壌構造を傷めることがないように気をつけます。実際、バイオダイナミック農場の土壌構造がよいということは、馬力の小さいトラクターですむことを意味するということが経験的にわかっています。

　土壌の健康と肥沃度にとって、輪作の手順は非常に重要です。たとえば、根の深い作物と根の浅い作物、穀物のように根茎をたくさん残す作物とジャガイモのようにほとんど残さない作物、除草しやすい作物とそうでない作物などを輪作する必要があります。したがって、輪作計画を立てる場合には多くの要素を考慮しなくてはなりません。

　堆肥化した厩肥、つまりある程度腐敗した糞尿を散く必要があります。この作業には機械を使い、1ヘクタール当たり10〜30tの厩肥をまきます。有機農法では緑肥作物もよく使われますが、この場合、播種された作物は収穫されずに土に鋤き込まれ、地力を豊かにします。緑肥として使われることの多いのは、空気中の窒素を捕捉し土壌に加えることのできるクローバーなどのマメ科植物です。

　畑を耕し播種の準備が整ったら、発芽や発根を含め作物に生じるすべての変容、生命プロセスを活性化するために500番

調合剤を使います。その後しばらくしてから、調合剤501を葉に散布します。

そして、除草の問題があります。通常の農法から転換しようと考えている農家にとっては、この除草が最大の問題です。

幸いにも、除草剤を使うことに対する反発が一般的に強まってきたために、最近では機械的に除草する機械が開発されています。重要なのは、土壌と作物に合った機械を使い、適切な時期に耕すことです。この点に関しては、有機農法を行う農家が多くの成果を上げており、徐々に一般の近代農法と組み合わせて使われるようにもなってきました。

果樹栽培

　果樹のバイオダイナミック栽培はまだ初期の段階であり、この分野を専門とする農家は本当のパイオニアです。とはいえ、バイオダイナミック農家の誰にも多かれ少なかれ同じことがいえます。バイオダイナミック農法を始めるには一種のパイオニア精神が必要です。

リンゴ

現在の一般的な果樹栽培では、化学物質が大量に使われています。化学物質は肥料に、果実の間引きや色づけに、そしてもちろん、かびや昆虫や雑草対策にも使われます。今日栽培されているリンゴやナシはすべて病気に弱いため、バイオダイナミック農法に適した品種の開発が行われています。理想的には、病気に抵抗性があるだけでなく、味、日もち、色つやなどのよいものが望まれます。

　バイオダイナミック農法による果樹栽培では、家畜の糞尿の堆肥が使われます。また、粘土と糞尿と石灰を混ぜた糊状のものを冬季に肥料として幹や枝にまく方法もよく行われています。これには、果樹を強くし、病気を防ぐ効果もあります[13]。

スイートオレンジ

養蜂

　すべてのバイオダイナミック農場や菜園にミツバチの巣があるというのが理想です。バイオダイナミックの方法を使っている養蜂家もいます。ミツバチは主に光と空気と熱のなかで暮す生物で、自然の働きの相互作用に不可欠な要素です。

　ミツバチの群はそれ自体が一つの生物です。一匹の女王バチと何千匹ものハチが一つの群をつくり、非常に統率のとれた動物組織として機能します。ミツバチの群には独自の内的世界と'アストラル体'があり、女王バチが温度とリズムと生殖サイクルを制御しています。ミツバチたちはぬくもりと光、そして蜜と花粉をとる花だけの世界に生きています。土に触れることはほとんどなく、水もごくわずかしか飲みません。ミツバチはまさに太陽の創造物であり、農場や菜園という生物のなかで大事な役割を果たしています。したがって、純粋なハチミツに計り知れないほどの治癒効果があっても驚くには当たりません。

　近代的な養蜂技術は化学的、技術的方法の影響を強く受け、ミツバチの群に思いきって介入します。英国の場合はごく最近になってからですが、ヨーロッパと地中海の養蜂は過去10年にわたりミツバチヘギイタダニの被害を受けてきました。このダニは小さなクモのような生物で、ミツバチの体にすみつき、発見が遅れるとミツバチの群が全滅する恐れがあります。そして、いったん発見したら、対処方法は化学的方法しかありません[14]。

マリア・トゥーン

　バイオダイナミック養蜂家は、ミツバチの群を一つの生命単位とみて、手を加えるとしても限られた範囲で、しかも必ず自然な方法を使って行うべきだと考えます。手を加える時期の判断には、マリア・トゥーンの『バイオダイナミック農事カレンダー（Biodynamic Sowing and Planting Calendar）』＊が参考になります。

＊ 邦訳は、『種まきカレンダー』ぽっこわぱ耕文舎

播 種・植え付けのリズム

　マリア・トゥーンはドイツのヘッセン州に住み、バイオダイナミック農法の普及に努めています。彼女は若いころに、農家が太陰周期に関連した伝統的慣習を守っているのをよく見かけ、その真偽を確かめようと思いました。それから約40年間、彼女は月が動植物に与える影響を研究してきたのです。古くからの伝統では、月の満ち欠けや満月と新月の影響を人々はいつも認識していました。ところが、このような知識は20世紀の人間には古臭くみえ、もはや真剣に受けとられなくなってしまいました。しかし、一例だけあげれば、赤ん坊が生まれるのは満月の後よりもその直前が多いというのはよく知られたことです。

　マリア・トゥーンは長期にわたって繰り返し播種試験を行った結果、月が植物の生長に影響を及ぼしていることを確認しました。ただし、彼女の試験結果によると、それは主に、満月と新月ではなく、黄道十二宮を巡る月の周期に関係していたのです。月は地球の周囲を巡っており、地球からみると常に黄道十二宮のどれか一つの前にあります。そして、月の背後にどの宮があるかによって植物の生長に違う影響が及ぶのです。

　何回も実験を繰り返した結果、十二宮のそれぞれと、土、水、光/空気および熱として現れる生命力の4'元素'との間に特別な関係のあることがはっきり証明されました。4元素はすべて生命体に作用して植物の生長に影響を及ぼします。また、土の要素は根の形成に、水の要素は葉の形成に、光/空気の要素

は花に、熱の要素は果実と種子の形成に特別な作用を及ぼしますが、これは野菜や花や果物を育てるうえで重要なことです。

　作物はすべて、根か（サトウダイコン、ニンジンなど）、葉か（キャベツ、レタスなど）、花か、実が発達するように開発されてきました。作物は特定の部位を発達させようとしますが、それには生命力が余分に必要です。このような特定部位の発達は、月がちょうどその部位に影響を及ぼす宮の前に位置するように、播種や植え付けや耕す日付を選ぶことで、さらに促進することができます。

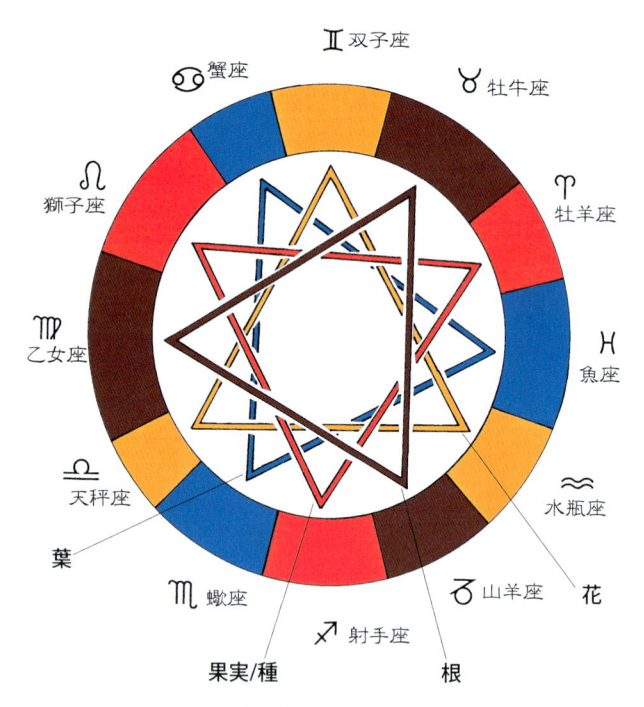

マリア・トゥーンの研究に基づく根と葉と花と実に作用する黄道十二宮の４つの三角形

これは見た目ほど複雑なことではありません。月の十二宮を巡る周期は 27 と 1/3 日なので、各宮に必ず２～３日間とどまります。ここに掲げた図は十二宮の植物への影響の変化を示したものです。

　月が水の宮から、空気、土、火の宮を通って、次の水の宮まで達するのに約９日かかります。したがって、天候や時間不足などで正しい日付に植え付けできない場合、次の最適日は９日後になります。もしそれだと遅すぎる場合は、単純に別の日に植えて構いません。柔軟に、現実的に対処することが大切です。

　多くの農家がこの農事カレンダーを大いに活用しています。これは、収穫量が増えるというよりも、収穫が安定し、病気の発生が少なく、質がよくなると多くの人が信じていることを意味します。いくつかの研究プロジェクトがマリア・トゥーンの提案を取り上げており[15]、彼女自身の研究成果は定期的に毎年発行される『農事カレンダー』のなかで公表されています。

　同じ方式のカレンダーが毎年いくつかの国で作成されています[16]。月の十二宮を巡る軌道だけでなく、地球と月のほかの惑星に対する位置が描かれているものもありますが、それも植物の生長と気象に影響を及ぼすからです[17]。

　念のために指摘しておくと、月の黄道十二宮に対する位置からみた地球の周りを回る周期（月の公転周期ないし恒星月、27.3 日）は、月と太陽との関係からみた周期（朔望月、29.5 日）より短くなります。それは地球も同時に太陽の周りを回っているからです。

　バイオダイナミック法を使う養蜂家は、ミツバチの群が月の

作用に非常に敏感に反応することを知っています。彼らは、日取りを正しく選ぶことで、ミツバチを思いどおりに行動させることができます。

景観と環境保全

　農場は一種の生物であり、すべての構成要素が身体の各器官のように全体を成り立たせているという観点に立つと、景観という要素も登場します。生垣や木々、小川や池や沼などが全体のなかにうまく収まっているかぎり、バイオダイナミック農法は大規模経営に反対するものではありません。そのような器官にはそれぞれ動物がすんでいますが、生命体やアストラル体の作用やその割合が異なるので、一つの健康で多面的な生物を構成するかのような相互関係があります。多くの野生の植物、鳥、昆虫、爬虫類、両生類などがさまざまな景観のなかで生息しているということが、それを示しています。さらに、農薬や極端に多くの糞尿が不要であるとすれば、そのこと自体、すでにある程度の環境保全が行われていることを意味します。

　バイオダイナミック農法では、農地と自然の場所とを区別するのではなく、むしろ統合しようとします。実際、ヨーロッパのさまざまな景観は農民の長期にわたる労働の結果です。彼らは森林を伐採し、土地を耕し、木を植え、生垣をつくり、水路を掘り、ダムをつくり、今日のヨーロッパの田園風景をつくってきたのです。

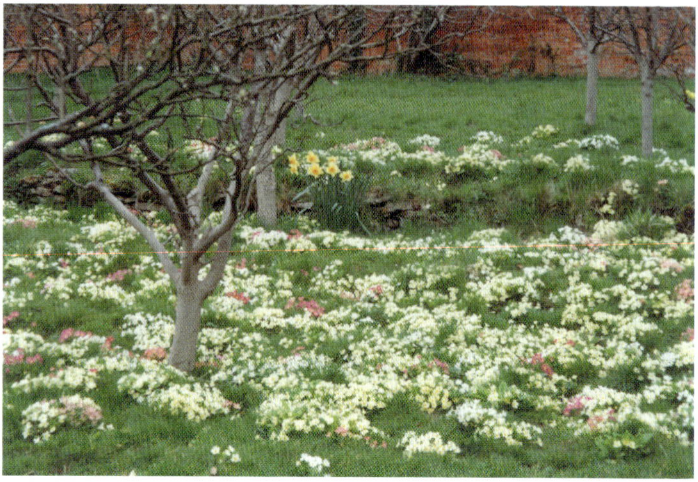

第 5 章
社会的侧面

農家は価格と経費に非常に敏感にならざるをえません。これは、近代農法を行うには、土地や機械や建物に多額の投資が必要だからです。生産物の価格は常に外国との競争にさらされています。実は、ヨーロッパでは生産過剰なのですが、しかしこれは世界的にみられる根本的問題なのです。どこの農家も、生産物価格の安さを少しでも補おうと増産を目指しています。誰もが知っているように、このように際限もなく増産を追求することによって、機械がますます大型化し、化学肥料や除草剤や農薬の使用量がますます増え、環境に不快な被害を及ぼしてしまいました。そして、このような被害のコストを負担するのは農家ではなく、社会全体なのです。

　したがって、農家が生産物と引き換えに受けとる金額は、真の経費を賄うものではありません。従来の生産様式にかかる経費―たとえば、飲料水の浄水処理費―は、消費者が負担しています。よって、安い農産物価格というのは幻想だということになります。もし、近代農法にかかる本当の経費がすべて最終産物に反映されたとしたら、その価格が非常に高くなることは明らかです。

　バイオダイナミック農法では、状況が逆になります。近代農法と違って、化学薬品、特に除草剤を使わないので、土壌や水や空気を汚染しません。他方、施肥や除草に人手を要し、それが高くつくので生産物価格も高くなります。これは、バイオダイナミック農産物の消費者は、環境の保全や改善のために二重に支払うことを意味します。つまり、1回は、有機的に生産された高い農産物を買うことによって、そしてさらに、水の浄化費用を税金や法定水道料金として負担することによって。有機

的な環境にやさしい方法によって、最初から環境被害を引き起さないようにするほうが、筋が通っています。

　通常の近代農法とバイオダイナミック農法あるいは有機農法との生産物価格の差は、収量を比べると後者のほうが10〜30％低いということにも一因があります。また、後者のほうが流通・加工の規模も小さく、したがってこの面でもより労働集約的であることも、その一因をなしています。

貿易、販売、規制

　先にみたように、バイオダイナミック農法は、もともと生産者と消費者双方が積極的に促進し奨励してきたものです。農家と消費者が互いに会って話しあい、双方に納得のいく価格を決めたり、現実的な流通システムの構築が模索されてきました。こうした協力が流通センターやその後の販売店の創設につながったのですが、これからは、徐々に流通の大規模化が進み、消費者と生産者との関係も匿名性が強くなるでしょう。

　バイオダイナミック農法や有機農法がさらに発展するには、生産物が大量に販売される必要があり、販売店がたくさんあるに越したことはありません。自然食品店が大きくなって有機農産物を扱う小型スーパーマーケットに発展しつつある一方、一般のスーパーマーケットでも消費者の要望を受けて有機農産物への関心が高まっています。

　これは歓迎すべき状況ですが、一方では、有機ないしバイオダイナミック農産物の特質を守ることに十分留意する必要があります。そこで、ヨーロッパレベルで有機農産物の品質管理を行おうという共同の取り組みが始められています。消費者にとっては、どれが本物の‘有機’農産物であり、どれが単に現在の‘グリーン’ブームに便乗したものかを見分ける必要があります。

　EUでは、有機農法とそれを実施している組織を認証する統一規準が導入されましたが、チーズ、パン、ミューズリなど、

一次産品の加工業者もその対象になっています。生産者が'有機農産物'という商標を使いたければ、基準を遵守することが法的に求められ、規制の対象となるでしょう。規制は農家ばかりでなく、加工業者や流通業者にも適用されるでしょう。また、EUへの輸入品に対しても、生産方法に対する規制が同じように課せられることでしょう。

関係団体は国際有機農業運動連盟（IFOAM）の下で、基準の合意を目指してすでに膨大な作業をしてきました。IFOAMはヨーロッパ諸国で広く活動しているので、各国政府やEUの関係者と協議しつつ、大筋で有機農業の実態に合うように基準づくりを進めることができたのです。また、アメリカ大陸その他のIFOAM会員ともこの問題に関して連絡を取りあっています。

残念なことには、農場から、加工業者、輸入業者、販売業者まで管理するには多大な労力が必要で経費がかかります。その経費が有機産品の価格に加算されると、価格が上がり、不利になります。

EUの公的規制の導入によって有機農法や有機的加工法にのっとった商品であると確認することが求められていますが、輸出入が行われているので、その影響はEU以外の諸国にも及びます。過去2年間の進展としては、ヨーロッパのデメテール商品を扱う業者が、国際デメテールガイドラインという形で一定の合意を達成しようという試みがあげられます*。そうすることで、第一次生産者の農家と販売業者との間のギャップを埋めることができるでしょう。デメテール商品の販売業者は、生産者を犠牲にしてまで市場を確保しようというのではなく、

バイオダイナミック農法の存続の可能性を広げようとしているのです。

＊ 認証機関の国際ネットワーク組織、デメテール・インターナショナルが 1997 年にベルギーのブリュッセルに本部をおいて設立されている。

バイオダイナミック農法の治療効果

　そもそもバイオダイナミック農法の考え方が生命の働きを大事にし、生物を深く理解しようとするものだということは、バイオダイナミック農法が本来的に治療施設や社会福祉施設に適しているということを意味します[18]。この農法はまず第一に、英国のキャンプヒル共同体など、アントロポゾフィー（人智学）の考え方に基づく施設で精神面のケアのために広く適用されてきました。農場で牛や植物や堆肥の世話をし、その農場でとれた良質の食材を使って食事をつくり楽しむことなどがすべて、治療の枠組みと日課を構成しています。人生に悩んだ人が治療農場のバイオダイナミック農法に携わると、元気を取り戻すことがよくあります。また、バイオダイナミック農法は一般の施設でも採用されています。

キャンプヒル共同体の一つ、ボットンホールのバイオダイナミック農法

シュタイナー学校でも、菜園用の土地が十分にある場合には、植物や土壌の世話を授業に取り入れているところが多くあります。また、生徒のグループが泊まり込みで農場の仕事を学び、実際に手伝うことのできるバイオダイナミック農場もあります。子供たちは代わる代わる動物の世話をし、畜舎の掃除をし、豆をとり、ジャガイモを掘るなど、農場の通常の仕事を手伝うのです。

スターツ農場で手伝いをする子供たち

土地所有権

　土地を耕す農家には土地の肥沃度に対する責任があります。しかし、責任は彼らだけにあるのでしょうか。地域の人々すべてが責任を感じるべきではないでしょうか。これは、バイオダイナミック農法にかかわる人にとっては、生産者であれ消費者であれ、非常に現実的な問題です。

　土壌は正しく耕さないと、あるいは疲弊したり浸食されたりすると、非常に短時間で、一世代のうちにも肥沃度を失ってしまいます。浸食の兆候は特に丘陵地では急速に現れます。増加を続ける私たちの人口を養うべき食料生産の可能性が、こうして潰されてしまいます。

　農業に短期的収益を求めることはできません。常に長期的観点に立つことが重要です。農家には特定の土地の耕作と管理の責任があり、土地は自分が受け継いだときよりもよくして次の世代に引き継ぐことを主たる目標とすべきです。しかし、現代の経済収支の考え方からすると、農家は利払いや元本返済、あるいは賃借料などのために、短期的収益を上げなければなりません。よい農地は値段が高く、農場を始めるには多額の投資が必要です。

　欧米のさまざまな国々で、バイオダイナミック農法に関心をもつ人々が、従来とは違う土地所有形態あるいは従来とは違う顧客との関係を模索しています。土地の肥沃度を維持することはもはや個人の問題ではないという観点から、たとえ

ば、信託基金方式で土地を所有し、バイオダイナミック農法を取り入れることを契約書に明記して土地を農民に貸し出すことが考えられます。

　もちろん、土地の所有者とそれを耕す人との関係は、そのほかにもいろいろ考えられます。たとえば、農家がバイオダイナミック農法に関心のある消費者を集めて、生産物を買い上げる義務を負ってもらう方法もあります。このような取り組みはコミュニティ支援型農業プロジェクトといわれ、特に米国で盛んです。また、関心のある人たちが、建物を新築するための担保を提供するなど資金面で農場運営に参加することも可能です。そうすれば、農場の周りに緊密に結び付いた友人の輪ができます。そして、その'友人たち'に農場の活動に積極的に参加し、それを通じて農場の生活のあらゆる側面を詳しく理解する機会を与えます。

　これらのような、土地に対する責任を共有する形式はまだ開拓段階にあり、新たな協力関係や社会的相互関係がいろいろ模索されるべきです。たとえば英国では、農家が株式会社を設立し、株主に生産物を特別価格で提供するほか、農場の活動に関与する機会も与えるという例がいくつかあります[19]。

第 6 章
将来展望

バイオダイナミック農法がさらに発展するための本当の課題や問題は何でしょうか。この農法の価値およびそれが立脚するアントロポゾフィー（人智学）的認識の実用性ないし実行可能性については、すでにはっきりと証明されています。しかし、いまだに広く受け入れられているとは、とてもいいがたい状況です。バイオダイナミック農法とそれによって生産される良質の食物の普及を妨げるものが、今の社会にはまだたくさんあります。こうした障害を乗り越え、バイオダイナミック農法とその生産物を効果的に普及させるには、さまざまな側面でバイオダイナミック協会のすべきことがたくさんあります。この点をもっと明確にするために、特に注目すべき（そしてすでに注目されている）分野を分類すると、次のようになるでしょう。

(1) 科学的分野

　　a) 基礎研究（質、育種、種子生産）

　　b) 実証研究

(2) 経済的分野

(3) 法律および政府の役割に関する分野

質 に関する研究

　基礎研究の目的は、生命そのものに対する理解を深めることです。食物を育てるということは何を意味するのでしょう。私たちは当然ながら、ミネラル、ビタミン、繊維、炭水化物、蛋白質、脂肪など、'すべてを含む' 食物のことを考えています。

ライ麦の調査

　しかし、それ以上のことがあります。つまり、すべての生物には、強い形であれ弱い形であれ、生命力が存在します。人体は、食べる食品によってさまざまな強弱の生命力を吸収します。生命力は私たちの肉体的健康にとって重要だというだけでなく、気分や自分以外の人との関係のあり方においても重要です。食

物のなかに生命力が十分に力強く、また正しく含まれているかどうかは、その生産の仕方、特に土壌の質に大きく依存します。また、食物の貯蔵の仕方、調理や保存の仕方などによっても非常に違ってきます。

バイオダイナミック食品をよく食べる人はほとんど常に、味や香りのよいこと、野菜がしっかりしていること、消化器官の弱い人にも消化しやすいことなどを確信させられます。従来、こうした主張は近代科学の裏づけを欠いたものでしたが、食物の物理化学的組成に関する最近の量的研究によって、バイオダイナミック調合剤を使って育てた作物には日もちがよいなどの特徴のあることが明らかになりました。表4は、バイオダイナミック農法で育てたニンジンの日もちの改善を示しています。生育期に調合剤を散布すると、貯蔵中の損失が少なくなります。二酸化炭素の生産、ある種の酵素の働き、寄生細菌数などが減っています。

表4 調合剤500および501のニンジンの日もちに与える影響

日もちに関連する項目	対照	500 3回	500 3回 501 4回
94時間当たりのCO_2生産量 (mg/kg 新鮮試料)	2,831	2,755	2,565
カタラーゼ (μmol H_2O_2/min.g 乾燥試料)	397	375	346
ペルオキシダーゼ (μmolGJ/min.g 乾燥試料)	15,992	11,051	7,591
サッカラーゼ (m/U/g 新鮮試料)	90	98	112
バクテリア (10^6/g 新鮮試料)	1.07	0.45	0.43
カビ (10^3/g 新鮮試料)	2.7	2.7	2.6
マッシュトキャロットの乾物損失率 (%)	56.1	46.6	29.2
164日間の損失率 (%)	28.2	23.0	20.4

出所:Samaras, 1977

ドイツとスウェーデンで行われた研究によると、調合剤500および501を使用すると、たとえばサトウダイコンの収量が8～14％増加し、葉の生長を8～26％促進します（Spiess 1979；Abele, 1973）。穀物、根菜、野菜の収量の大幅な増加が立証されています[20]。表5は、調合剤500および501を使った4年間の圃場試験結果ですが、小麦の収量の増加を示しています。

表5　小麦に対する調合剤500および501の効果

年	相対収量（すべての圃場に堆肥が施されている）			
	対照	500 3回	500 3回 501 3回	500 3回 501 3回 *1976 4回
1973	100（= 3.0t/ha）	109	117+	121+
1974	100（= 4.15t/ha）	106	109	111+
1975	100（= 4.1t/ha）	105	102	102
1976	100（= 3.0t/ha）	105+	104	109++

出所：Spiess, 1979

小麦

スウェーデンのバイオダイナミック研究所がウプサラ大学と共同で行った比較試験によると、通常農法のほうがジャガイモの収量は高いものの、貯蔵と選別による損失が大きいという結果が出ました。これに対し、バイオダイナミック農法によるジャガイモは、純蛋白質とビタミンCを多く含み、変色が少なく、味が変わらず、結晶不良の割合も少なく、品質のよいことを示しています（表6参照）。

表6　ジャガイモの収量と品質に関する通常農法とバイオダイナミック農法の比較

	管理方法	
	通常農法	バイオダイナミック農法
10月の収量（t/ha）	38.2	34.2
選別と保存による損失	30.2	12.5
4月の収量（t/ha）	26.6	30.0
粗蛋白質（乾燥重量に対する%）	10.4	7.7
純蛋白質（粗蛋白質に対する%）	61.0	65.8
必須アミノ酸（Oser）	58.9	62.8
ビタミンC（mg/100g 新鮮試料）	15.5	18.1
抽出物Eの変色（10^3, 48時間, 8℃）	462	354
抽出物の分解（伝導率）	30.9	22.0
結晶不良	5.2	4.2
味覚（最高4）12月 　　　　　　4月	3.0 2.3	3.1 2.7
調理不良　　12月 　　　　　　4月	4.1 9.2	1.8 2.1

出所：Pettersson, 1977

　人間や動物などの生物の食物の質について、つまり、さまざまな食品の活力と生命力について理解を深めるには、巨視的研究

方法を開発する必要があります。このような方法はすでに開発されており、すでにある程度使われています。エーレンフリート・パイファー（1899–1961）は、生物の質的側面を明らかにする結晶法という感度のよい方法を開発しました。この方法では、少量の試料の絞り汁ないし溶解液を塩化銅溶液の中で結晶化させます。この操作は特定の温度と湿度の下で行われ、できる結晶の形から試料の性質に関する重要な情報が得られます[21]。

この方法はアントロポゾフィー医学で患者の血液検査に長年使われています。経験を積んだ専門家だと、血液の結晶の様子から患者の健康状態について非常に多くの情報を得ることができます。この方法はさまざまな食品の品質検査にも採用されてきましたが、説得力のある、信頼のおける結果はまだ得られていません。この分野の先駆的研究を進めるための資金や設備がこれまで十分ではありませんでした。

量的側面ではなく質的側面を明らかにするもう一つの方法は、リリー・コリスコがルドルフ・シュタイナーの指示にしたがって開発したクロマトグラフィーを用いる毛管ダイナモリーシス（capillary dynamolysis）法です[22]。この方法では、試料の絞り汁を塩と一緒に濾紙で吸い取り、その形で作物が収穫されたときの生命力を調べます。この方法はさらに改良が必要ですが、堆肥化された糞尿の質ないし性質を調べるのに、また土壌についても窒素、リン酸、カリの含有量に加えて、その生命力の質を調べるのに使われています[23]。

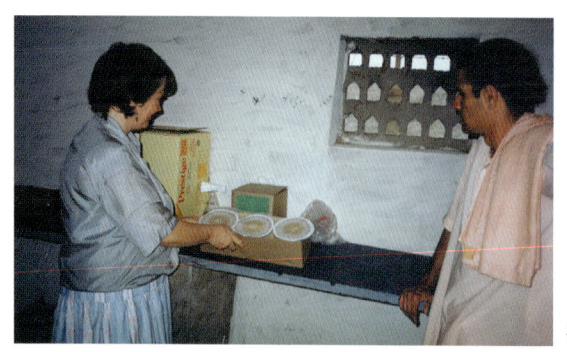

クロマトグラフィー

　さらに、現象学的研究法も対象の生活の質を知る方法の一つです。この方法を使う研究者にとっては、量的分析も調査の一部であり、作物の形態や色に表れたすべての現象学特徴に意味があります。作物の経てきた生長過程を注意深く観察することで、土壌中の生長因子と水と太陽との関係、およびそれらが最終生産物の物理的発達と質に及ぼす影響について多くのことがわかります。

　つまり、ある作物に表れた現象は、宇宙の星々や惑星の影響を含め、全体的現象の一プロセスであり、最終生産物はその一表現です。したがって、このプロセス全体を経験することが、特定の作物に実際に表れた現象を本当に理解する唯一の方法なのです。

　以上、視覚的方法を３つ簡単に紹介しましたが、基礎研究の内容や手順についてある程度おわかりいただけたと思います。当然ながら、生命力を目に見える形で、あるいは計量できる形で示す方法については、そのほかにも研究の余地があります。この分野はすべてがまだ始まったばかりです。しかし、生物の健康はどのような作用を受けて成り立っているのかを知り、

宇宙の影響も含めて環境全体と健康との関係を理解するうえで、この分野はきわめて重要です[24]。

育種と種子生産に関する研究

　科学的知識の発達によって動植物の遺伝子操作の可能性が広がっていますが、バイオダイナミック農場や有機農場でも、独自に、作物の品種を開発し、健康的な家畜の系統を確保する必要があります。

　乳牛については、世界のほぼすべての地域で、優れた雄牛の精子を使った人工受精が行われています。したがって、家畜のタイプと特定の農場に固有の環境や条件とはほとんど、あるいは全く関係がありません。

　同じことが作物の種子についても当てはまります。種子を自分の農場で生産することはほとんどありませんが、これは驚くには当たりません。なぜなら、穀物以外は作物が成熟期に収穫されることはほとんどないので、種子生産には特別の施設と技術が必要になるからです。

種子生産

したがって、種子の生産と改良は完全に専門の企業の手に委ねられることとなります。このような企業は種子を世界中に販売するので、完全にそれに照準を合わせて種子改良計画を実施しています。彼らの関心は、できるだけ多くの地域で使える品種の開発です。種子生産のほとんどが石油化学業界の大企業の手に握られているので、常に近代農法と化学肥料を前提とした品種改良が行われることになります。いわゆる'ハイブリッド'が非常によく使われますが、これによって生産物のばらつきが少なくなり、収量が上がります。しかし、ハイブリッドは種子をとることができないので、交雑によって毎年生産されなければなりません。こうして、農民は種苗会社に完全に依存せざるをえなくなります。

英国アバディーンシャー、マートルの試験圃場

　このような状況なので、有機農法ないしバイオダイナミック農法に適した品種の開発がどうしても必要です。近年、何人かの研究者や農家がこの分野に取り組んできましたが、多くの国

第 6 章　将来展望

で農家が自分で小規模な種子生産を行い、互いに交換しあうことを始めています。少数ですが、スイスやドイツやオランダには、すでに商業ベースで活動するバイオダイナミック種子生産業者がいます。米国や英国でも同様の計画が進められています。研究者の国際交流が定期的に行われていますが、実用面で調べるべきことはいまだたくさんあります。特に、動植物が遺伝子操作を受けると実際に何が起きるのかという点に関しては、アントロポゾフィー（人智学）の観点から明確に理解する必要があります。

　その他の分野で多くの研究がなされているのは植林関係です。星座がさまざまな品種の発芽と生育に影響を及ぼしているようです[25]。こうした研究は苗床で行われるので、幅広い実証研究が必要となります。

実証研究

　当然ながら、実際的な問題に答えるには実証研究が必要です。たとえば、現在行われている研究としては、糞尿の利用、草地におけるイネ科植物とクローバーの正しい混播法、除草および関連機械、などが思い浮かびます。たとえばドイツや米国にある多くの試験場も含めて、各地のバイオダイナミック農法研究所がこうした分野に取り組んでいます[26]。環境にやさしい方法への関心が高まったことから、公的な農業研究機関でも同様の研究をするところが多くなり、最近では、公的機関の研究者がバイオダイナミック農家と密接に協力しあう例がいくつかみられます。

経済的問題

　農業は経済活動の一つです。少なくとも、これが一般的な解釈です。しかし、本当にそうでしょうか。特に過去数十年の間に、農業を通常の経済法則だけで考えると、ありとあらゆる予想外の副作用や悪い結果を招くことがはっきりしました。

　工業生産活動ではほとんど例外なく、最もよく売れ、最も需要があり、最も儲かる物をつくるのが常識です。しかし農業は、現在の一般的なやり方にもかかわらず工業ではないのであり、工業的な方法は機能しません。単位面積当たりの収益が最も大きいからといって、毎年ジャガイモをつくるとすれば破局に終わります。そんなことをすれば作物は病気になります。土壌も同じです。農家は経済法則以外の法則を考慮しなくてはなりません。特に、循環プロセス、多様性、生態系に関する法則です。もし農家にそれができなければ、経済的にも長期的に生き延びることはできません。彼ら自身か子孫のどちらかが結局その結果を引き受けることになります。

　一つの生物という農場の法則を考えに入れる必要があるということは、交易を行う際に、農家が農場をバランスよく発展させうるような協力形態を見つけなければならないことを意味します。したがって、卸売業者や加工業者に全面的に依存するような状況は避けなければなりません。また、農家はほかの農家や販売業者と緊密に協力しあって、適切な生産者価格を確保する必要があります。

先に述べたように、消費者への直売が経済的に次第に重要性を増しています。有機農業がさらに伸びるためには、市場が拡大しなくてはなりません。消費者の教育と生産物の質に関する広報が不可欠です。そのような声を経済界の怒号に逆らって人々の耳に届かせるためには、多大な努力が必要です。

規制および政府の役割

　ヨーロッパでは、ほとんどの政府が表面上はきれいな環境とよりよい農法を支持しており、バイオダイナミック農法も深くかかわっています。しかしながら、実際には、政府の施策が常にことごとくバイオダイナミック農法の障害となっていることは明らかです。また、農業部門の実権を握る人々も妥協の姿勢を全くみせません。

　EUでは1983年に、各農家の牛乳生産量を前年度より6％削減することを義務づける、ミルク・レイク（牛乳の湖）と呼ばれる牛乳の余剰問題に関する規制措置が講じられました。バイオダイナミックおよび有機農家は農法の転換によってすでに牛乳生産量を自主的に削減していたにもかかわらず、この規制の対象になりました。その結果、これまで乳牛を飼っていなかったために牛乳の生産割り当てが得られなかった農家は、乳牛を飼って農場のバランスを改善する道を閉ざされてしまったのです。

　家畜の糞尿に関する法律とそれに基づく規制や規定も、大量の糞尿を出す集約的畜産農家を念頭においたものでしたが、バイオダイナミックおよび有機農家にも等しく適用されました。

　また、除草剤や農薬の使用に関しても問題が生じています。政府は（当然にも）これらの使用をできるだけEUの枠組みのなかで制限しようとしたので、新製品は非常に厳しい、時間を要する、したがって経費のかさむ規制手続の対象となり、大量

の試験データの提出が不可欠になりました。ところが、この手続が、たとえば昔から使われていて全く害のないイラクサ・ティーにも適用されたのです。その結果、有機農法ではしばしば使われてきた環境にやさしい除草剤や農薬の使用が認可されませんでした。なぜなら、それらの製品は売上高が少ないために、認可手続に必要な経費を賄うことのできる会社がなかったのです。

　さらに別の問題は、研究に不可欠な政府の補助が相変わらずきわめて限られていることです。将来の農業のための研究の重要性は、いまだにほとんど理解されていません。

広がる理解

　ほとんどの国で、こうした問題に関して政府との協議が行われてきました。そして、国際的レベルでも IFOAM（国際有機農業運動連盟）などによって協議が進められています。これまで、これらの協議にはその性格上の限界があったにもかかわらず、それによって政府関係機関がバイオダイナミックおよび有機農業の考え方や要請に耳を傾ける姿勢を徐々に示すようになりました。

　さまざまなタイプのバイオダイナミックおよび有機農法についての理解を深めようとする多大な努力が、世界各地でなされています。これらの努力は、自然環境および精神的存在としての生物の要請が、農業において再び重視されるような将来を目指しています。それは、狭い目的のために、結果を顧みずに使われることがあまりにも多い化学的、技術的方法の要請に応えようとするものではありません。今後の人間社会の存続と地球との関係を考えると、人間の基本的要求を満たすとともに自然界と調和する農業が早急に求められています。私たちは化学や技術を使わないわけにはいきません。しかし、それは常に農村社会と景観と自然との間の生きた関係に従属し、それに役立つものでなくてはなりません。

原　注

1. 生命力ないしエーテル力のさらに詳しい説明については、シュタイナーの『神智学』第1章参照。
2. Bockemühl, *Towards a Phenomenology* 参照。
3. アストラル体のさらに詳しい説明については、シュタイナーの『神智学』第1章参照。
4. シュタイナーの『農業講座』参照。
5. Pfeiffer, *Soil Fertility. Renewal and Preservation* 参照。
6. バーベラ・フローフォーム（Virbela Flowform）はいろいろな国でつくられているが、バーベラ・フローフォーム研究センターのジョン・ウィルケス（John Wilkes）らによって開発されたものである。同センターから詳しい情報が得られる（Virbela Flowform Research Centre, Emerson College, Forest Row, East Sussex. www.virbelaflowfroms.anth.org.uk）。また Wilkes, *Flowforms* も参照のこと。
7. Heinze and Breda, 'Versuche über Stallmistkompostierung'（厩肥の堆肥化実験）, *Lebendige Erde*, 2, 3-10, 1962 参照。
8. Abele, *Untersuche des Rotteverlaufes von Gülle bei verschiedener Behandlung*（尿肥の腐敗に関する研究）, Institut für biologisch－dynamische Forschung, Darmstadt, 1976 参照。
9. Koepf, 'Experiments in treating liquid manure', *BioDynamics*, No.79, 1979 参照。
10. チューリッヒ大学のミカエル・リストらは、家畜が本来の特徴を呈し、健康状態がよく、寿命が長くなる適切な飼育方法に関して、重要な研究成果を発表している（Rist et al.,

Artgemäße Nutztierhaltung, Freies Geistesleben, Stuttgart, 1987）。

11. Koepf, Pettersson & Schaumann, *Bio‒Dynamic Agriculture* 第 7 章に、治療薬がいくつか記載されている。

12. Klett, *Untersuchungen über Licht-und Schattenqualität in Relation zum Anbau und Test von Kieselpräparaten zur Qualitätshebung*（光と影の質に関する研究）, Institut für Biologisch‒dynamische Forschung, Darmstadt, 1968；Abele, *Vergleichende Untersuchungen zum konventionellen und biologisch‒dynamischen Pflanzenbau*（植物栽培の一般的方法とバイオダイナミック的方法の比較研究）, PhD 論文, Gießen, 1973；Pettersson, 'Vergleichende Untersuchungen zum konventionellen und biologisch‒dynamischen Pflanzenbau', *Lebendige Erde*, 5.175‐80, 1977；Wistinghausen, Was ist Qualität?（質とは何か）, *Lebendige Erde*, Darmstadt 1979 参照。

13. Pfeiffer, *Biodynamic Treatment of Fruit Trees* 参照。

14. Steiner, *Nine lectures on Bees* 参照。

15. たとえば、Abele, V*ergleichende Untersuchungen*（原注 12）；Maria Thun も研究成果を毎年発行される *Biodynamic Sowing and Planting Calendar* で多数発表している。

16. Thun, *Results from the Sowing and Planting Calendar* および *Biodynamic Sowing and Planting Calendar* 参照。

17. Kolisko, *Agriculture of Tomorrow*；Fyfe, *Moon and Plant*；Steiner『農業講座』参照。

18. たとえば、キャンプヒル運動は英国あるいはヨーロッパはもとより南部アフリカや北米などのさまざまな国々で学校、施設、ビレッジなどを運営している。さらに詳しい

情報については、Camphill Village Trust (Delrow House, Hilfield Lane, Aldenham, Watford, Herts WD2 8DJ, England) へ。

19. Groh, T. & McFadden, S., *Farms of Tomorrow*：*Community Supported Farms and Farm Supported Communties* 参照。たとえば、オールドプローハッチ農場（Old Plawhatch Farm, Sharpthorne, West Sussex）は発展途上のコミュニティ所有バイオダイナミック農場で、公認慈善団体の聖アントニウス基金が運営している。この農場の主な目的は生徒にバイオダイナミック農業の原則を教えることと、その原則に基づいた農場を開発することである。農場の面積は50エーカー〔約20ha〕の森林を含めて約150エーカー〔約60ha〕あり、乳牛の成牛50頭と若牛20頭、豚数頭を飼育している。直売所があり、農場で生産された野菜、乳製品、肉などを販売するほか、生乳の配達もしている。

その他の例としてはセリドウェンがある（Ceridwen, Sharpham, Ashprington, Totnes, Devon）。これは肉牛と羊を主に鶏も飼う農場、市場向け菜園、果樹園などいつくかのバイオダイナミック事業からなる協同組合事業である。

20. Klett, *Untersuchungen über Licht - und Schattenqualität*（原注12）; Pettersson, 'Vergleichende Untersuchungen'（原注12）; Thun and Heinze, 'Anbauversuche und Zusammenhänge zwischen Mondstellung im Tierkreis und Kulturpflanzen（12宮に対する月の位置と栽培植物との関係にかかわる栽培試験）', *Lebendige Erde*, Darmstadt, 1973; Spiess, 'Über die Wirkung der biologisch-dynamischen Präparate Hornmist und Hornkiesel

(バイオダイナミック調合剤、牛角糞調合剤と牛角石英調合剤の効果)', *Lebendige Erde* 4/5, 1979 ; Abele, *Vergleichende Untersuchungen*（原注 12）参照。

21. この試験の方法論的根拠と進歩に関してはクリューバーが報告している：Krüber, *Kupferchloridkristallisation*, Weleda, Schwabisch, Gmund, 1950：その他に、Selawry, *Die Kupferchloridkristallisation in Naturwissenschaft und Medizin*, Fischer, Stuttgart, 1957 ; Engvist, 'Strukturveränderungen im Kupferchloridkristallisationsbild', *Lebendige Erde*, 3, 1961 ; Engvist, 'Pflanzenwachstum in Licht und Schatten', *Lebendige Erde*, 2, 1963 ; Engvist, *Gestaltkräfte des Lebendigen*, *Klostermann*, Frankfurt 1970 ; Pettersson, 'Beiträge zur Entwicklung der Kristallisationsmethode' *Lebendige Erde*, 1, 1957.

22. Koliko, *Agriculture of Tomorrow* 参照。この方法を改良したものがパイファーの開発したクロマトグラフ法である (Pfeiffer, *Chromatography Applied to Quality Testing*)。

23. クロマトグラフ法はホウレンソウやニンジンの分析にも使われてきたほか、薬に使われる薬草の選択と収穫時期の決定にも役立っている (Fyfe, *Moon and Plant*)。

24. この方法の開発に関する1年間の専門コースが、スイス、ドルナッハのゲーテアヌムでボッケミュール博士によって行われています〔執筆時点〕。また、Bockemühl, *In Partnership with Nature* も参照のこと。

25. シュミット一家は3世代にわたって、強くて抵抗力のある穀物の開発；樹木の栽培と12宮の影響；新たな家畜繁殖

技術の開発などに関する実証試験に携わってきた (Verein für Pflanzenzucht eV, Rittershain, 36219 Cornberg, Germany)。

26. ドイツでは、Forschungsring für Biologisch‐Dynamische Wirtschaftsweise eV, (Baumschulenweg 11, 64295 Darmstadt) がドイツで行われるすべての試験研究を調整し、成果を発表している。米国では、Michael Fields Agricultural Institute（3293 Main Street, East Troy WI 53120） が試験研究の実施や農場試験の調整を行っている。

参考図書

- *Biodynamics*, (New Zealand Bio-Dynamic Association) Random House, Auckland, 1989.
- Bockemühl, J, *In Partnership with Nature*, Anthroposophic Press, New York.
- Bockemühl, J,(ed.), *Towards a Phenomenology of the Etheric World*, Anthroposophic Press, New York, 1985.
- Conford, P. *The Origins of the Organic Movement*, Floris Books, Edinburgh, 2003.
- Fyfe, A, *Moon and Plant*, Society for Cancer Research, Arlesheim, 1967.
- Groh, T, and S McFaddens, *Farms of Tomorrow : Community Supported Farms and Farm Supported Communities*, Bio-Dynamic Literature, Pennsylvania, 1990.
- Grotzke, H, *Biodynamic Greenhouse Management*, Biodynamic Literature, Pennsylvania, 1990.
- *Kimberton Hills Agricultural Calendar*, Kimberton Hills Publications (annual).
- Koepf, H, *Compost*, Biodynamic Literature, Pennsylvania, 1990.
- Koepf, H, *The Biodynamic Farm*, Anthroposophic Press, New York, 1989.
- Koepf, H, Bo Pettersson and W Schaumann, *Bio-Dynamic Agriculture, an Introduction*, Anthroposophic Press, New York, 1976.
- Kolisko, E & L, *Agriculture of Tomorrow*, Kolisko Archive Publications, Ringwood, 1982.

■Pfeiffer, E E, *Biodynamic Treatment of Fruit Trees,Berries and Shrubs*, Bio‐Dynamic Farming and Gardening Association, Pennsylvania, 1976.

■Pfeiffer, E E, *Chromatography Applied to Quality Testing*, Bio-Dynamic Farm and Gardening Association, Pennsylvania, 1960.

■Pfeiffer, E E, *Soil Fertility, Renewal and Preservation*, Lanthorn Press, East Grinstead, 1984.

■Pfeiffer, E E, *Biodynamic Gardening and Farming* (3 vols), Mercury, New York, 1983‐84.

■Podalinsky, Alex, *Bio-Dynamic Agriculture* (2 vols), Gavemer Foundation, Sydney, 1985.

■Steiner, Rudolf, *Agriculture*, Bio‐Dynamic Agriculture Association, London,1974〔邦訳：『農業講座』、人智学出版社、イザラ書房〕.

■Steiner, Rudolf, *Nine Lectures on Bees*, Steinerbooks, New York, 1988.

■Steiner, Rudolf, *Theosophy*, Anthroposophic Press, New York, 1994〔邦訳：『神智学』、イザラ書房、筑摩書房、柏書房〕.

■Steiner, Rudolf, *Truth and Knowledge*, Steinerbooks, New York, 1981

■Thun, Maria, *The Biodynamic Sowing and Planting Calendar*, Floris Books, Edinburgh (annual)〔邦訳：『種まきカレンダー』ぽっこわぱ耕文舎〕.

■Thun, Maria, *Gardening for Life －The Biodynamic Way*, Hawthorn Press, Stroud, 1998.

■Thun, Maria, *Results from the Biodynamic Sowing and Planting Calendar*, Floris Books, Edinburgh, 2003.
■Wilkes, John, *Flowforms*, Floris Books, Edinburgh, 2003.

世界の関連組織

■ Biodynamic Agricultural Association 〈アイルランド〉
The Watergarden, IRL‐Thomastown, Co. Kilkenny
Tel/Fax：35 35654214
Email：bdaai@indigo.ie
Web：www.demeter.ie

■ Demeter Associazione per la Tutela della Qualitá 〈イタリア〉
Biodinamica in Italia. Strada, Naviglia 11/A, I‐43 100 Parma, Italy
Tel：39‐0521‐7769‐62　　Fax：39‐0521‐7769‐73
Email：demeter.italia@tin.it
Web：www.demeter.it

■ Biodynamic Agricultural Association (BDAA) 〈英国〉
The Secretary, (BDAA), Painswick Inn, Stroud, Glos., UK.
Tel/Fax：01453 759501
Email：bdaa@biodynamic.freeserve.co.uk
Web：www. biodynamic.org.uk

■ Bio‐Dynamic Association 〈エジプト〉
3 Belbes Desert Road, POB 1535 Alf Maskan, ET‐11777　Cairo, Egypt
Tel：20‐2656‐4154　　Fax：20‐2656‐7828
Email：EBDA@sekem.com

■ Biodynamic Agricultural Association 〈オーストラリア〉
PO Box 54, Bellingen, NSW, 2454
Tel：612 6655 0566　　Fax：612 6655 0565
Email：poss@midcoast.com.au
Web：www.biodynamics.net.au

■ Demeter - Bund Österreich 〈オーストリア〉
Hietzinger Kai 127/2/31, A‐1130 Wien, Austria
Tel：43‐1879‐47‐01　　Fax：43‐1879‐47‐22
Email：info@demeter.at
Web：www.demeter.at

■ Vereniging voor Biologisch-Dynamische Landbouw en Voeding 〈オランダ〉
Postbus 236, NL‐3970 AE Driebergen, The Netherlands
Tel：31‐343‐531740　　Fax：31‐343‐516943
Email：Info@demeter‐bd,nl
Web：www.demeter‐bd.nl

■ Demeter Canada 〈カナダ〉
115 Des Myriques, CDN‐Catevale Q. C. J0B 1W0, Canada
Tel：1‐819‐843‐8488
Email：laurier.chabot@sympatico.ca
Web：www.demetercanada.com

■ Demeter Verband Schweiz 〈スイス〉
Stollenrain 10, Postfach 344
CH‐4144 Arlesheim, Switzerland
Tel：41‐61‐706‐96‐43　　Fax：41‐61‐706‐96‐44
Email：info@demeter.ch
Web：www.demeter.ch

■ Stiftelsen Biodynamiska 〈スウェーデン〉
Skillebyholm, S‐15391 Järna, Sweden
Tel：0046 8 551 577 02　　Fax：0046 8 551 577 81
Email：sbfi@jdb.se
Web：www.jdb.se/sbfi/english

■ Demeterforbundet 〈デンマーク〉
Forening for Biod, Jordbrug
Birkum Bygade 20, DK‐5220‐Odense SO, Denmark
Tel：45‐6597‐3050　　Fax：45‐6597‐3250
Email：biodynamisk@mail.tele.dk
Web：www.biodynamisk.dk

■ Demeter‐Bund e.V. 〈ドイツ〉
Brandschneise l, D‐64295 Darmstadt, Germany
Tel：49‐6155‐8469‐0　　Fax：49‐6155‐8469‐11
Email: Info@Demeter.de
Web：www.demeter.de

■ Biodynamic Association 〈ニュージーランド〉

PO Box 39045, Wellington Mail Centre, New Zealand
Tel：64 458 953 66/Fax：/65
Email：biodynamics@clear.net.nz
Web：www.biodynamic.org.nz

■ Debio 〈ノルウェー〉

N‐1940 Björkelangen, Norway
Tel：47‐63‐862‐670　　Fax：47‐63‐856‐985
Email：kontor@debio.no
Web：www.debio.no

■ Biodynaaminen Yhdistys 〈フィンランド〉

Biodynamiska Föreningen
Uudenmaankatu 25 A 4,
FlN‐00120 Helsinki 12, Finland
Tel：35‐89‐644160　　Fax：35‐89‐6802591
Email：info@biodyn.fi
Web：www.biodyn.fi

■ Association Demeter 〈フランス〉

5 Place de la Gare, F‐68000 Colmar, France
Tel/Fax：33 389 414 395
Email：demeter@pandemonium.fr

■ Biodynamic Farming and Gardening Association 〈米国〉
25844 Butler Road, Junction City, OR 97448
Tel：001 888 5167797　　Fax：001 541 9980106
Email：biodynamic@aol.com
Web：www.biodynamics.com

■ IBD Instituto Biodinamico 〈ブラジル〉
Rua Prudente de Morais, 530
BR‐18602‐060 Botucatu/Sao Paulo, Brasil
Tel/Fax：55‐1‐468225066
Email：ibd@ibd.com.br
Web：www.ibd.com.br

■ Biodynamic and Organic Agricultural Association 〈南アフリカ〉
P.O. Box 115, ZA‐2056 Paulshof, Gauteng
Tel/Fax：27‐118‐0371‐91
Email：eleanor@pharma.co.za

■ Veräin für biologisch dyn. Landwirtschaft 〈ルクセンブルグ〉
Letzeburg a.s.b.1., Demeter Bond, Letzebuerg 13, parc d'activité
Sydrall L‐5365 Munsbach, Luxembourg
Tel：352‐261 533‐80　/　Fax：‐81
Email：demeter@pt.lu
Web：www.demeter.lu

メモ

メ モ

メモ

メ モ

メ モ

索　引

『Biodynamics（バイオダイナミクス）』 69
IFOAM（国際有機農業運動連盟） 56, 57, 129, 152
『Lebendige Erde (生きている大地)』誌 65
NPK（窒素、リン、カリウム） 19, 91
『Star and Furrow（星と耕地)』誌 68
『The Stirring Stick (かきまぜ棒)』誌 69

あ

アストラル体 42, 44, 93, 96, 117, 123, 153
アストラル力 44, 47
アルバート・ハワード卿 55, 56
アレックス・ポドリンスキー 70
アントロポゾフィー獣医学 108

い

育種に関する研究 136, 144-6
生垣 21, 22, 48, 123
遺伝子操作 144, 146
イラクサ 94, 151

う

牛 43, 55, 63, 85, 98, 101-5
牛の胃 104
ウプサラ大学 140

え

英国 13, 67-8, 73, 77, 79, 81, 117, 131, 146, 154
エコロジカル農法 (業) 56, 58
エーテル体／生命体 36, 42, 93, 96, 119, 123
エーテル力／生命力 35-7, 40, 44, 45, 47, 90, 91, 119, 120, 137-8, 140-2, 153
エーレンフリート・パイファー (Ehrenfried Preiffer) 61-2, 68-9, 141
エマーソン・カレッジ 81
エリース・ストルティング（コートニー）(Elise Stolting (Courtney)) 68

お

オイゲン・コリスコ（Eugen Kolisko) 67-8
黄道十二宮 78, 119-121
オークの樹皮 94
オーストラリア 69-70, 79
温室効果 30

か

カール・アドラー (Karl Adler) 71-2
カール・ミエール (ミルプト) (Carl Mier (Mirbt)) 67
カイザーリンク (Keyserlingk) 伯爵 67
海流 28-9, 30
価格 15, 16, 126, 127, 128, 129, 134, 148
果樹栽培 115-6

家畜の病気　　　　　　　108
カナダ　　　　　　　　69, 79
カノコソウ　　　　26, 94, 95
カミツレ　　　　　　　94, 97
カリウム　　　　19, 38, 52-89
岩綿　　　　　　　　　38, 40

き

キャンプヒル共同体　　　131
牛乳生産に関する規制　　150
厩肥　　　　　　　　　　45,
　　47, 53, 102, 103, 113, 153
牛糞　　　　　　44, 47, 76, 89
キンバートン農場　　　　69

く

グアノ（鳥糞石）　　　　53
クラーイベーカーホーフ
　（Kraaybeekerhof）学習セ
　ンター　　　　　　　　81
グラディス・バーネット（ハーン）
　（Gladys Bernett(Hahn)）68
クロマトグラフィー　141-142

け

景観　　21-2, 23, 87, 123, 152
経済的問題　　　128-30, 148-9
ゲーテアヌム　　60, 77, 78, 156
結晶法　　　　　　　　　141
ケニア　　　　　　　　　76
研究　　　　77-8, 137-43, 147
現象学的研究法　　　　　142

こ

工業化（農業の）13-4, 15-6, 21
子牛　　　　　　15, 101, 102

コーヒー　　　　　　　　76
コーベルヴィッツ農場　　60
国際有機農業運動連盟（IFOAM）
　　　　　　　　56, 129, 152
コミュニティ支援型農業プロ
　ジェクト　　　　　　　134
小麦　　19, 75, 91, 103, 139
混合農場　　13, 45, 86-8, 105

さ

散布用調合剤　　　　　111-2

し

シチリア島　　　　　　　75
質　　　　　　128-9, 137-43
実験サークル　　　　60, 77
ジャガイモ　　　　　　　91,
　　107, 113, 132, 140, 148
シャーロット・パーカー
　（Charlotte Parker）　　68
集約的農業　　　　　　15-6
収量　　　　　　　　19, 80,
　　84, 127, 139, 140, 145
種子生産　　　78, 136, 144-6
シュタイナー学校　　75, 132
硝石　　　　　　　　　　53
植林　　　　　　　　　　146
助成制度　　　　　　　14, 74
除草剤 12, 19-20, 23-4, 37, 48,
　　80, 87, 114, 126, 150-1

す

水位　　　　　　　　　　21
スウェーデン　　　　52, 74,
　　77, 82, 90, 112, 139, 140
スラリー　　　　　　96, 103

174

せ

生産費（生産高との関係） 88
石英　　47, 105, 109, 111, 156
施肥　　　38, 40, 89, 90, 126

た

ダーラナ（スウェーデン） 74
堆肥 40, 45, 46, 49, 55, 76, 77,
　　78, 84, 85, 87, 88, 89-93,
　　106, 109, 113, 116, 131,
　　　　　　　139, 141, 153
堆肥用調合剤
　　　47, 78, 87, 88, 94-7
タンポポ　　　　　47, 94
ダンロップ (D. N. Dunlop) 67

ち

畜産　　　　　　15-6, 150
畜ふん堆肥　84, 85, 89, 109
窒素 17-8, 19, 24, 45, 52-4, 88,
　　　　89, 91, 96, 113, 141
窒素循環　　　　　　16, 33
調合剤　　　47, 67, 68, 69,
　　70, 71, 78, 87, 94-7, 103,
　　105, 109, 111-2, 113-4,
　　　　　　　138, 139, 156

つ

月の周期　　　　　　　119
角　　　　　　104, 105, 111

て

デイビッド・クレメント（David
　Clement）　　　　67, 68
デメテール　63, 64, 65, 70, 71,
　　　　73, 75, 76, 86, 129, 130
デンマーク　　　　　74, 77

と

ドイツ　　　　52, 55, 56, 60,
　　63, 64, 65, 68, 73, 75, 77,
　　80, 81, 96, 112, 139, 146,
　　　　　　　　　147, 157
都市ごみ　　　　　　　61
土壌協会　　　　　　　55
土壌整備　　　　　　113-4
土壌の肥沃度　　　　　109
土地所有権　　　　　133-4
ドッテンフェルダーホーフ農場
　　　　　　　　　　　82
トラクター　　54, 111, 113

な

ナトゥール・エ・プログレ 56

に

二酸化炭素（CO_2）循環　29
ニュージーランド
　　　　　　　70, 71, 79, 82
鶏　　　15, 89, 98, 99, 100
ニンジン　102, 120, 138, 156

の

農家　　　　　　　　48-9
濃厚飼料　　　88, 100, 101
農事カレンダー　　118, 121
農薬 12, 19, 23, 24, 25, 37, 48,
　　80, 109, 123, 126, 150-1
ノコギリソウ　　　　47, 94
ノルウェー　　　　　　74

は

歯（反芻動物） 104
バイオオーガニック農法 56
バイオダイナミック研究所
（スウェーデン） 90, 140
バイオダイナミック農業園芸協会
（米国） 69, 75
バイオダイナミック農業協会
（英国） 68, 81
バイオダイナミック農法研究連盟
（Forschungsring für bilogish-dynamische Wirtschaftsweise） 65
バイオダイナミック農法に関する
教育と学習 81-2
バイオダイナミック農法の治療
効果 131-2
バイオダイナミック・マーケティング社（オーストラリア） 70
バイオランド 56
バイオロジカル農法（業）
56, 80
播種・植え付けのリズム
119-22
畑作 13, 15, 79, 109
ハンス・ハインゼ
（Hans Heinze）
65

ひ

ピーター・プロクター（Peter Proctor） 70
東ヨーロッパ 74-5
ひづめ 104, 105
日もち 112, 116, 138

ビルヒャー・ベナー（Bircher Benner） 63
品質管理 128

ふ

富栄養化 23
豚 15, 89, 98, 106-7
ブラジル 77, 82
フランス 56, 73, 82
フローフォーム 71, 153
糞尿 17, 43-4, 86, 88, 89-93, 101-5, 113, 116, 123, 141, 147, 150

へ

米国 77, 79, 82, 134, 146, 147, 157
ヘンリー・ヘイゲンス（Henry Hagens） 68

ま

マーシャルプラン 13
マリア・トゥーン（Maria Thun）
118, 119, 120, 121
マルナ・ピース（Marna Pease）
67

み

水循環 33
南アフリカ 71-2, 76
ミネラルバランスシート 88

め

メキシコ 76

も

毛管ダイナモリーシス（capillary dynamolysis）法　141
モーリス・ウッズ（Maurice Woods）　67

や

野菜栽培　109-110

ゆ

有機体としての農場　48-49
有機農法 (業)55-7, 74, 82, 84, 100, 113, 114, 127, 128, 129, 145, 151, 152
ユストゥス・フォン・リービッヒ（Justus von Liebig）　53

よ

養蜂　117-8, 121-2

り

リリー・コリスコ (Lili Kolisko)　67, 141
リン　19, 38, 52, 89, 141
輪作 41, 48, 55, 84, 87, 88, 91, 109, 113

る

ルーシュ・ミューラー農法　56
ルドルフ・シュタイナー (Rudolf Steiner)　38, 58-60, 141

れ

レディー・イブ・バルフォア（Lady Eve Balfour）55, 56
レディー・マッキノン (Lady McKinnon)　68

著者紹介

Willy Schilthuis（ウィリー・スヒルトイス）

ウィリー・スヒルトイスはオランダのバイオダイナミック協会の代表を25年間も務め、バイオダイナミック農法に関して何冊もの著作がある。

日本語版監修者紹介

由井寅子（ゆい・とらこ）

FHMA(英国ホメオパシー医学協会名誉会員)、HMAHom(HMA認定ホメオパス、ARHHom(ARH認定ホメオパス)、Ph.D.Hom(ホメオパシー博士)、FCPH(CPH名誉会員)JPHMA会長、RAH学長、D.C.Hom(クリニカルホメオパス)

1953年愛媛県生まれ。日本で10年ドラマ・ドキュメンタリー作り、英国で5年報道担当として携わる。33歳の時、潰瘍性大腸炎を患う。万策尽きた時、ホメオパシーと運命的な出会いをし、ホメオパシーで完治するという体験をする。その後、リージェントカレッジのクラシカルホメオパシー科入学、クラシカルに限界を感じ、翌年カレッジ・オブ・プラクティカル・ホメオパシーに2年目から編入、恩師ロバート学長と出会う。卒業後、英国国家認定の英国ホメオパシー医学協会(HMA)に

よるホメオパス認定試験に合格し、HMA認定ホメオパスとなる。言葉の壁を乗り越えて努力した日本人初の認定ホメオパスとして「スペシャルアワード」を授与される。英国にて由井ホメオパシークリニックを開設し、ホメオパスとして活動を開始するとともに、深くホメオパシーを学ぶべく、CPHの大学院(2年間)に進学する。この年、CPHに大学院の教授として招かれた恩師ネルソン博士と出会い徹底的な英才指導を受ける。この間、大学院で勉学に励むとともに、ホメオパスとして活動する。大学院卒業後、ホメオパスとして精力的に活動をはじめる。

1997年4月、日本に本格的なホメオパシーの学校、HMA認定のロイヤル・アカデミー・オブ・ホメオパシー(RAH)を創設し、ホメオパシーの教育に全力を注ぎはじめる。2000年4月、これまでの功績が高く評価され、英国ホメオパシー医学協会(HMA)の名誉会員となる。

訳者紹介

塚田幸三（つかだ・こうぞう）

1952年生まれ。海外協力業務などを経て、現在、翻訳著述業に携わる。大阪府立大学農学部卒・英国エジンバラ大学獣医学部修士課程修了。

訳書に、ミヒャエラ・グレックラー『シュタイナー教育の今日的課題(仮)』(群青社、近刊)、C・デイ『ペットオーナーのためのホメオパシー(仮)』(ホメオパシー出版、近刊)、カール・ケーニッヒ『動物の本質』、G.マクラウド『犬のためのホメオパシー』、『猫のためのホメオパシー』、C.デイ『ペットのためのホメオパシー』(以上、ホメオパシー出版)、M.エバンズ＆I.ロッジャー『シュタイナー医学入門』(群青社)、P.デサイ＆S.リドルストーン『バイオリージョナリズムの挑戦』(共訳、群青社)、K.ブース＆T.ダン『衝突を超えて』(共訳、日本経済評論社)、N.チョムスキー『「ならず者国家」と新たな戦争』(荒竹出版)、R.ダウスウェイト『貨幣の生態学』(共訳、北斗出版)など。

日本のホメオパシーインフォメーション

2006 年 6 月現在

ホメオパシー出版編

全国ホメオパシーセンターのご案内 (2006年5月現在)

日本ホメオパシーセンターでは、日本ホメオパシー医学協会の認定を受けたプロフェッショナルホメオパスによる相談会を行っております。英国では数多くの方が、病気が症状として現れる前のいわば「未病」のうちに治すために、心や体のケアとして月一回の割合でホメオパスに相談しています。日本でも、心の悩みや人生の苦しみなどを吐き出し、日々を楽しく、そして本来の自分らしく生きるために、お近くのセンターをぜひご活用ください。

＊詳細については各センターにお問い合せください。留守電になっております場合は、折り返しご連絡させて頂くシステムになっているセンターもございますのでメッセージをお願いします。
＊日本ホメオパシーセンター内でのホメオパシー健康相談会は会員制で行われています。ご希望の方は「ホメオパシーとらのこ会」にご入会下さい。
＊〔★〕はホメオパシージャパン代理店も兼ねるホメオパシーセンターです。本部センター以外の代理店に関しましては、ご来店の場合は事前に、営業日時や商品の在庫があるかどうか等を予めお問合せください。留守電になっております場合は、折り返しご連絡させて頂くシステムになっている代理店もございますのでメッセージをお願いします。

東京本部センター★ 〔＋ホメオパシックファーマシー〕 センター長：片桐航
由井寅子・岡本祥子・堀田峰雄・上村悦子・松森邦子・片山久絵・川瀬裕子・村上寿美代・　　　渡部素子・最上早苗・居初美佐子・関根千加・竹内順一・石橋貴代
〒151-0061 東京都渋谷区初台 2-1-4 ホメオパシーセンター東京本部ビル
Tel:03-5352-7750　　Fax:03-5352-7751　〈月曜・祝日定休〉
大阪本部センター★ 〔＋ホメオパシックファーマシー〕 センター長：麻野輝恵
由井寅子・片桐航・宗真吏・山内知子・松本茂実
〒564-0062 大阪府吹田市垂水町 3-9-9 ホメオパシージャパン大阪支社
Tel:06-6368-5352　　Fax:06-6368-5354　〈月曜・祝日定休〉
福岡本部センター★ 〔＋ホメオパシックファーマシー〕 センター長：古園井成子
由井寅子・大谷節美・岸本勝季・増田由紀子・備後友子・櫻井美穂
〒810-0016 福岡市中央区平和 5-13-3 ホメオパシージャパン福岡支社
Tel:092-533-6550　　Fax:092-533-6552　〈月曜・祝日定休〉

岩手一関★ 本江眞弓
〒021-0902 一関市荻荘金ケ崎 49-1　Tel:0191-32-1013　Fax:0191-32-1012
埼玉日進★ 大場玲子
〒331-0823 さいたま市北区日進町 2-171 コスモ大宮日進 304 号
Tel&Fax:048-654-4665

埼玉川口★ 川島房子
　〒 332-0026 川口市南町 1-13-25-106 RanRanRan　Tel&Fax:048-241-2144
埼玉草加 鳥海和子
　〒 340-0056 草加市新栄町 761　Tel&Fax:048-942-0289
埼玉深谷 大山眞知子
　〒 366-0052 深谷市上柴町西 4-17-14　Tel&Fax:048-574-5579
埼玉松伏★ 横川康幸
　〒 343-0106 北葛飾郡松伏町大川戸 977　Tel&Fax:048-991-7800
埼玉日高★ 松尾敬子
　〒 350-1255 日高市武蔵台 1-3-5　Tel&Fax: 042-982-5665
茨城笠間★ 菅原典子
　〒 309-1704 笠間市美原 2-2-30-B202　Tel&Fax: 0296-77-3658
千葉船橋★ 佐藤陽子
　〒 274-0063 船橋市習志野台 5-19-5　Tel&Fax:047-462-6288
千葉市川★ 鈴木久志　市川市　suzie314@d7.dion.ne.jp
板橋西台★ 中村良浩
　〒 175-0045 板橋区西台 2-6-31-2F やすらぎの森　Tel:070-6644-1089
　Fax:03-3559-9812
江戸川南小岩★ 杉本恵子 ・ 佐藤陽子 ・ 上嶋伸子
　〒 133-0056 江戸川区南小 6-15-28　携帯 :080-1010-3664　Fax:03-3673-2361
大田久が原★ 渡辺明子
　〒 146-0085 大田区久が原 5-27-3 Being　Tel&Fax:03-3754-7332
　携帯 :090-5787-9383
品川北品川★ 下辺利恵子
　〒 141-0001 品川区北品川 5-8-6-102　Tel&Fax:03-5420-1879
渋谷代官山 岡部豊美
　〒 150-0034 渋谷区代官山町 13-6　Tel&Fax:03-3477-2563
墨田両国 坪田あやこ　Tel&Fax:03-3829-2088
世田谷尾山台 松下扶美子
　〒 158-0086 世田谷区尾山台 2-7-14　ソレイユ　Tel:03-5706-3389
　Fax:03-3704-1465
世田谷奥沢★ 荒年郎
　〒 158-0083 世田谷区奥沢 5-2-3-103 Cosmic Relaxation Network
　Tel&Fax:03-5701-5838
中央銀座 ウマラニカ千鶴
　〒 104-0061 中央区銀座 6-6-1 銀座風月堂ビル 5F 銀座ビジネスセンター内
　Tel&Fax:03-5793-1304
豊島駒込★　鈴木由美 ・ 樋畑麻子
　〒 114-0024 北区西ヶ原 1-58-1　Tel&Fax:03-3910-0588

杉並阿佐ヶ谷★ 南
　〒166-0004 杉並区阿佐ヶ谷　Tel&Fax:03-3313-3186
東京八王子★ 上嶋伸子
　〒192-0907 八王子市長沼町 104-2　Tel&Fax:0426-36-5456
東京吉祥寺 南陽子
　〒180-0004　武蔵野市吉祥寺本町 1-20-1 吉祥寺永谷シティプラザ 704
　サウスシーホロスコープ　携帯 070-5462-2989
横浜都筑★ 原田　(猪狩)　有美
　〒224-0007 横浜市都筑区荏田南 5-18-14 横山マンション荏田南Ⅴ301
　Baby Angel　Tel&Fax:045-943-4961 携帯 :090-6790-4454
横浜鶴見　佐藤千恵子
　〒230-0077 横浜市鶴見区東寺尾 3-24-45-306 グリーンヒルズ東寺尾
　Tel&Fax:045-583-5899
神奈川逗子　服部牧
　〒249-0005 逗子市桜山 9-2-39　Tel:046-872-6911
神奈川つきみ野　石川美樹
　〒242-0002 大和市つきみ野 8-14-3 スカイハイツ 813　Tel&Fax:046-208-0480
神奈川厚木　林香奈
　〒243-0018 厚木市寿町 2-1-3 D'クラウディア本厚木 306
　Tel&Fax:046-222-1755 携帯 070-5574-2494
川崎稲田堤★　荒年郎　＊お問い合わせは世田谷奥沢センターまでお願いします。
　〒214-0003 川崎市多摩区菅稲田堤 3-4-1 稲田助産院内
鎌倉七里ヶ浜　熊澤伸浩　Tel&Fax:0467-33-2610
新潟阿賀野★　井上真由美
　〒959-1923 阿賀野市勝屋 918-72　Tel:0250-61-2727　Fax:0250-61-2728
新潟長岡★ 南
　〒940-0062 長岡市旭町自然派専科 CONA　Tel&Fax:0258-25-1874
新潟河渡★ 須藤悦子
　〒950-0024 新潟市河渡 2-3-28 メンタルリンク　Tel:025-272-9101
　Fax:025-272-9102
石川金沢★ 森博康
　〒921-8062 金沢市新保本 4-66-1 ひまわりほーむ 2F ㈱創環　Tel:076-269-1015
　Fax:076-269-1018
福井武生★ 大野真奈美
　〒915-0051 越前市帆山町 19-13-8 ナチュラルメディケア　Tel:0778-22-5228
　Fax:0778-21-1583
福井鯖江　杉谷やす子
　〒916-0046 鯖江市横江 1-2-5 T's one203 号　携帯 :090-2039-1555
　Fax:0778-42-0044

山梨南アルプス 深沢一政
　〒 400-0226 南アルプス市有野 2855　Tel&Fax:055-285-6464
　携帯 :090-4430-8394
岐阜日野★ 高田乃梨子
　〒 502-0056　岐阜市日野西 2-3-22　Tel&Fax:058-248-8640
静岡函南★ 原萌萌子
　〒 419-0114 田方郡函南町仁田 333-12　Tel&Fax:055-978-3804
静岡熱海★ 髙橋和子
　〒 413-0016 熱海市水口町 11-22　Tel&Fax:0557-81-1100　携帯 :090-3222-5123
静岡浜松★ 本康優子
　〒 430-0852 浜松市鴨江 3-8-23　Tel&Fax:053-458-0623
名古屋中　阪口恭子
　〒 460-0012 名古屋市中区千代田 2-4-28 アーバニア上前津東 801
　Tel&Fax:052-251-2326
名古屋名東★ 大野麻希子
　〒 465-0013 名古屋市名東区社口 1-101 アンソレイエ A　携帯 :090-6480-9711
　Fax:052-777-3044
名古屋伏見★ 木下裕美子
　〒 460-0003 名古屋市中区錦 2-17-11 伏見山京 US-SOHO 伏 702AMRTA
　Tax:052-204-0305(内線 702)
愛知豊田　石神希保
　〒 471-0863 豊田市瑞穂町 1-1-1　Tel:0565-35-1266　Fax:0565-35-0879
愛知岩倉★ 高田乃梨子　（代表 桑山ひとみ）
　〒 482-0031 岩倉市八剱町渕の上 4 番地　Tel&Fax:0587-66-1956
京都吉田★ 鷹巣千恵子
　〒 606-8315 京都市左京区吉田近衛町 15-5　Tel&Fax:075-752-0634
大阪新大阪★ 秋岡多江
　〒 533-0033 大阪市東淀川区東中島 1-19-11 大城ビル 302　Tel:06-6322-1230
　Fax:06-6326-5178
大阪四天王寺★ 宗　真吏
　〒 543-0072 大阪市天王寺区生玉前町 5-11 メゾン・プチボワ 501
　Tel&Fax:06-6773-2969
大阪茨木★ 勝原則子
　〒 567-0831 茨木市鮎川　Tel:072-633-3824
兵庫尼崎★ 今村美雪
　〒 661-0022 尼崎市尾浜町 2-12-37　Tel&Fax:06-6429-2856
兵庫芦屋山手町★ 堀田ヒロミ
　芦屋市　e-vis@hcn.zaq.ne.jp

神戸元町　佐佐木美弥子
　〒650-0012 神戸市中央区北長狭通 3-11-15 モダナークファームカフェ
　Fax:078-391-3067 携帯 :080-5334-3850
岡山駅西★ 松本茂美 & 松本夏美
　〒709-0721 岡山市奉還町 2-4-10　Tel&Fax:086-252-6900
広島古江★ 増田敦子
〒733-0822 広島市西区庚午中 3-4-10 ビューハイツ 301　Tel:082-271-4645 Fax:082-271-4701
広島佐伯★ 酒匂篤
　〒731-5128 広島市佐伯区五日市中央 3-16-31 笹原ビル 402
　Tel&Fax:082-921-5825 携帯 :090-7132-1756
広島楽々園★ 沖増和美
　〒731-5136 広島市佐伯区楽々園 5 丁目 18-8　Tel&Fax:082-924-6181
　携帯 :090-7775-0367
徳島鳴門★ 松村亮一
　〒772-0032 鳴門市大津町吉永 251-6 リアリゼーションスペースアンアンティーノ
　Tel&Fax:088-685-1772
徳島鳴門北★ 渡邊奈美
　〒772-0051 鳴門市鳴門町高島字北 380-225　Tel&Fax:088-687-2530
福岡久留米★ 古園井成子
　〒830-1113 久留米市北野町大字中 102-3　Tel&Fax:0942-78-6887
福岡前原★ 大谷節美
　〒819-1123 前原市神在 1387-2 神在動物医院　Tel:092-321-0454
　Fax:092-321-0459
福岡薬院★ 森下由紀子
　〒810-0022 福岡市中央区薬院 1-6-36 ニューライフ薬院 504
　Tel&Fax:092-716-0335
佐賀唐津★ 櫻井美穂
　〒847-0022 唐津市鏡字生駒 2666-12 山﨑クリニック　Tel:0955-77-6555
　Fax:0955-77-6556
長崎平戸　森 （宮崎）　由美
　〒859-4824 平戸市田平町小手田免 531-2-A-3 Tel&Fax:0950-57-3400
熊本尾ノ上★ 下田眞佐夫
　〒862-0913 熊本市尾ノ上 2-7-23　Tel:096-383-6629　Fax:096-383-6645
熊本出水★ 高橋泰三
　〒862-0941 熊本市出水 1-5-44 サフラン水前寺 602 号室 ホメオパシーの杜
　Tel&Fax: 096-373-6740
熊本武蔵ヶ丘★ 宮崎日出子
　〒862-8001 熊本市武蔵ヶ丘 2-22-18　Tel&Fax:096-338-8400
　携帯 :090-5384-9775

大分★ 秦昭二
　〒 870-0834 大分市上野丘西 23-19　Tel&Fax:097-545-8833
沖縄浦添★ 鈴木陽子
　〒 900-0012 那覇市泊 1-4-10 ライオンズマンション泊第 8　603 号
　Tel&Fax:098-868-3338
沖縄宜野湾★ 諸喜田睦子
　〒 901- 2206 宜野湾市愛知 25 グリーンプラザ愛知 201　Tel:098-892-9118
　携帯 :090-3793-6780
沖縄うるま★ 伊禮伸子
　〒 904-2215 うるま市みどり町 3-20-4 いれいはり・きゅう院
　Tel&Fax:098-973-3193
宜野湾市上原　外間涼子
　〒 901-2204 宜野湾市上原 1-18-6-2　Tel&Fax:098-892-6261
　携帯 :090-9594-5911
那覇久場川　宮里マチ子
　〒 903-0804 那覇市首里石嶺町 3-17-3　Tel&Fax:098-885-6759

〈提携クリニック〉
東京｜医療法人社団向笑会　花岡由美子女性サンテクリニック
　〒 178-0063 東京都練馬区東大泉 5-29-8　Tel&Fax:03-5947-3307
佐賀｜山　クリニック★　山﨑実好医師
　〒 847-0022 唐津市鏡字生駒 2666-12　Tel:0955-77-6555　Fax:0955-77-6556
熊本｜青葉病院　高橋泰三医師
　〒 861-4225 下益城郡城南町東阿高 778-20　Tel:0964-28-5151
　Fax:0964-28-5296
福岡｜増田整形外科内科医院　増田由紀子医師
　〒 813-0013 福岡市東区香椎駅前 2-11-15　Tel:092-681-3831　Fax:092-661-7867
※完全予約制　ホメオパシーに関するお問い合わせはお受けできません。

〈提携動物クリニック〉
岩手｜ほんご動物病院★　本江眞弓獣医師
　〒 021-0902 一関市荻荘金ケ崎 49-1　Tel:0191-32-1013　Fax:0191-32-1012
岩手｜たんぽぽ動物病院　関妙子獣医師
　〒 020-0832 盛岡市東見前 8-20-5　Tel&Fax:019-614-2323
東京・港区｜動物病院 NORIKO　宮野のり子獣医師
　〒 106-0045 港区麻布十番 2-6-4　Tel:03-3405-4155　Fax:03-3403-7162
東京・台東区｜シンシアペットクリニック　高橋友子獣医師
　〒 111-0033 台東区花川戸 2-3-11　Tel:03-3847-6083　Fax:03-3847-6085

東京・小平市｜アカシア動物病院　清水紀子獣医師
　〒187-0042 小平市仲町 210-2-101　Tel:042-343-9219　　Fax:042-342-5340
東京・江戸川区｜みなみこいわペットクリニック★　杉本恵子獣医師
　〒133-0056 江戸川区南小岩 6-15-28 Tel:03-3673-2369　　Fax:03-3673-2361
神奈川｜Yumi holistic Veterinary clinic★　坂内祐美子獣医師
　〒245-0053 横浜市戸塚区上矢部町 3004-7　Tel&Fax:045-811-9735
福岡｜神在動物医院★　大谷節美
　〒819-1123 前原市神在 1387-2　Tel:092-321-0454　　Fax:092-321-0459

〈提携助産院〉
東京｜鴫原助産院★　鴫原操助産師
　〒170-0012 豊島区上池袋 4-31-28 プラウドシティ上池袋 202 号　
Tel:090-2325-4734
大阪｜かつはら助産院★　勝原則子助産師
　〒567-0831 茨木市鮎川　Tel:072-633-3824
熊本｜宮崎助産院★　宮崎日出子助産師
　〒862-8001 熊本市武蔵ヶ丘 2-22-18　Tel&Fax:096-338-8400
沖縄｜しゆり助産院★　諸喜田睦子助産師
　〒901- 2206 宜野湾市愛知 25 グリーンプラザ愛知 201　Tel&Fax:098-892-9118

〈提携鍼灸治療院〉
東京｜片山明子の鍼灸治療室パレアナ★　片山明子鍼灸師
　〒177-0054 練馬区立野町 27-4　Tel&Fax:03-3928-7581
東京｜Ayurveda はりきゅう　ぱどま堂　堀田恵子鍼灸師
　〒180-0022 武蔵野市中町 2-5-1 チェリーハイツ 407 号　Tel&Fax:0422-55-5428
　※完全予約制　ホメオパシーに関するお問い合わせはお受けできません。
東京｜あさは治療室★　樋畑麻子鍼灸師
　〒114-0024 北区西ヶ原 1-58-1　Tel&Fax:03-3910-0588
福岡｜治療室ナカムラ　中村あゆみ鍼灸師
　〒811-3114 古賀市舞の里 1-9-16　Tel&Fax:092-942-7712
沖縄｜いれいはり・きゅう院　伊禮伸子鍼灸師
　〒904-2215 うるま市みどり町 3-20-4　Tel&Fax:098-973-3193
沖縄｜富士鍼灸治療院★　崎山愛子鍼灸師
　〒904-2131 浦添市牧港 2-1-3　Tel&Fax:098-873-1989

〈提携歯科クリニック〉
東京｜坂井歯科医院　坂井歯科医師
　〒157-0064 世田谷区給田 3-27-18　Tel:03-3300-3711
　※必ずご予約の上ご来院ください。ホメオパシーに関する質問はご遠慮ください。

京都｜佐々木歯科医院　佐々木加枝歯科医師
　〒 615-8035 京都市西京区下津林芝ノ宮町 17　Tel:075-391-1460
　※必ずご予約の上ご来院ください。　ホメオパシーに関する質問はご遠慮ください。
〈提携指圧整体治療院〉
東京｜清心堂治療院　清水敬司指圧師整体師
　〒 187-0042 小平市仲町 210-2-202　Tel&Fax:042-347-0169
福岡｜森本整体治療院★　森本美枝子整体師
　〒 814-0104 福岡市城南区別府 5-8-3　Tel&Fax:092-846-3033

〈上記★印のセンター・提携クリニック以外の代理店〉
山梨｜自然なお産・育児・暮らし MOM ★　松浦真弓
　〒 409-3715　山梨県南都留郡富士河口湖町富士ヶ嶺 1223
　Fax:020-4668-0214　homoeopathy@mom-jp.org
群馬｜群馬　スプリーム★　上武由夏
　〒 373-0806　太田市龍舞町 5321　Tel:027-649-0227　Fax:027-649-1843
宮城｜Natural cafe/ ROUTE99 ★　高橋阿津子
　〒 981-3212 仙台市泉区長命ヶ丘 3 丁目 31-1　Tel&Fax:022-777-5705
神奈川｜スターチャイルド★　星川美智子
　〒 243-0406 海老名市国分北 1-4-1　Tel&Fax:046-231-1818
神奈川｜アプサラホリスティックケア★　斉藤雪乃
　〒 231-0868 横浜市中区石川町 1-1 カーサ元町 705　Tel&Fax:045-662-1456
京都｜なちゅらるクッキングくらぶ MoGu MoGu ★　野口清美
　〒 606-0816 京都市左京区下鴨松ノ木町 86-34　Tel&Fax:075-701-4705
兵庫｜笹木アニマルクリニック★　（往診専門）　笹木眞理子
　兵庫県伊丹市　Tel:090-9046-0632　Fax:072-783-4705
兵庫｜西宮代理店★　堀口淑子
　兵庫県西宮市　Tel:0798-72-6239　Fax:0798-72-6191
福岡｜九州ボンテン㈱★　岸本勝季
　〒 810-0001 福岡市中央区天神 2-3-35 新和ビル 2F
　Tel:092-761-4634 Fax:092-761-4766

〈ホメオパシー農業選書〉
シュタイナー思想の実践

バイオダイナミック農法入門

2006 年 7 月 20 日　初版第 1 刷発行

著　者　Willy Schilthuis
日本語版監修者　由井寅子
訳　者　塚田幸三
装　丁　ホメオパシージャパン（株）
発行所　ホメオパシー出版（有）
　　　　〒 151-0063 東京都渋谷区富ヶ谷 1-14-12
　　　　電話 : 03-5790-8707　　FAX : 03-5790-8708
ＵＲＬ　http://www.homoeopathy-books.co.jp/
Email　info@homoeopathy-books.co.jp

© Kozo Tsukada
Printed in Japan.
ISBN4-946572-71-6
落丁・乱丁本は、お取り替えいたします。

この本の無断複写・無断転用を禁止します。
※ホメオパシー出版（有）で出版している書籍は、すべて公的機関によって著作権が保護されています。